Ⓢ新潮新書

青木節子
AOKI Setsuko

中国が宇宙を支配する日

宇宙安保の現代史

898

新潮社

はじめに

宇宙開発利用の歴史は、第2次世界大戦後の歴史の重要な一部です。ロケット（ミサイル）や衛星の開発計画は、第2次世界大戦終結直後に始まり、核戦力の優位を構築するための重要な道具として、当時の超大国、米国とソ連は40年以上覇権をかけて宇宙での戦いを繰り広げてきました。静かな宇宙戦争が展開されていた冷戦時代は、ソ連の終焉により、米国の圧勝で終わりました。

その後30年の月日が流れ、宇宙関連ニュースをみると、小惑星に軟着陸し、その地質サンプル採取を世界で最初に成功させて地球に帰還した日本の「はやぶさ」があり、アラブ首長国連邦（UAE）の火星探査機打ち上げがあり、米国の私企業が独自技術で開発した国際宇宙ステーションへの有人補給船の話題があります。一方、宇宙は戦闘領域になった、とも言われています。衛星破壊実験によるスペースデブリ（宇宙ゴミ）問題なくなった中国の姿を描写するところから始まります。本書は、宇宙の「一帯一路」建設に乗り出し、宇宙と地球双方の覇者となる意図を隠さが報道されることもあります。米ソ宇宙覇権競争の果てに待ち受けていたものはなにか。

ポスト冷戦の始まりは、宇宙にとっても希望と楽観に満ちたものでした。米中の宇宙協力、中国とラテンアメリカやアフリカとの「南南協力」、国連という場でいきいきと活躍し始める豊かになりつつあった中国とそれを暖かく迎えた欧州諸国。それがなぜ、また、いかにして、今、米中対決の場としての宇宙、戦闘領域としての宇宙、という姿を顕在化させるようになったのか。本書の第1部は、「宇宙大国」としての中国の軌跡とその実力を検証していきます。

米中の協力から競争・対決への道のりとその意味は、かつての米ソ対決とは異なるものであり、戦い方も、当然異なるものとなります。では、一貫して最強の宇宙活動国であり続ける米国は、どのような宇宙戦略・政策のもとに、今日に到るまでの宇宙秩序の維持・構築を行ってきたのでしょうか。第2部は、宇宙開発の歴史そのものともいえる米国の宇宙活動に光を当てました。それは、ソ連との熾烈な競争を繰り広げ、一方では超大国同士の協力に余念がなく、また、自由主義・民主主義世界のリーダーとして宇宙がもたらす富と安全を世界に配分する制度づくりに腐心する米国の姿でもありました。宇宙支配を決して譲り渡さないよう老獪に前進し、宇宙からの富の獲得のために自国企業を育成し、自国民を月軌道を超えて解き放とうとする開拓者魂もそこには見え隠れします。

そして、最後、第3部は日本の宇宙政策です。敗戦国としての日本は、現在もその軛(くびき)のもとにあり、十分な行動の自由をもちません。宇宙の3つの顔、科学技術、安全保障、経済の中で、したがって、日本は科学技術に力を注がざるを得ない部分があり、それが「はやぶさ」に代表される日本が世界に誇る宇宙科学探査につながったというのが、日本の宇宙開発史の主旋律だろうと思います。しかし、宇宙は物理的にも、機能的にも地上の延長、あえていえば一部であり、科学にとどまることは不可能な「場」です。ここ10年、中東と並んで最も不穏な地域となった東アジアにおける日本の将来は決して明るいものではありません。近隣諸国のほとんどは核兵器国であり、日本を貶め脅かすことにより、日本が気概をなくし、経済や交通の自主独立を喪失していくことを待ち受けている国もあります。そうした状況下、日本は宇宙も活用して国防を向上させ、新たな経済活動を進めて、繁栄を築こうとしています。21世紀中盤に向けての日本の決意と行動に光を当てました。

物事は当初の直接の目的とは異なる方向に発展していくことがしばしばあります。宇宙も例外ではなく、軍事目的で開発した機器からのデータが、国境を越えて世界の人々の生活を安全で豊かにし、気候変動の影響を和らげ、動植物の生命を守ることに大いに貢献している、という事例は枚挙にいとまがありません。宇宙から得られたデータの恩恵を受けない場所は今日存在せず、さまざまな情報や教育、ビジネスの手段は世界で同時に、共有されるようになりました。途上国と先進国の一般的な市民の生活格差が今日ほど縮小された時期はありません。その意味で、安全保障のための宇宙は、人類全体の財産を作り上げた、ともいえるだろうと思います。

宇宙（ここにはサイバー領域も含まれます）が作り上げる世界が、今後どのような歴史を紡いでいくことになるのか。人類の平和と安全、繁栄のための宇宙を考える手がかりとして、本書を手にとっていただけましたら、と強く願うものです。

なお、本書は3部構成で中国、アメリカ、日本を中心に宇宙開発と宇宙における安全保障の歴史と現状、未来を見る構成になっています。どのパートから読んでも理解が進むように考え、各部、章で一部内容が重複しますが、その点はご容赦ください。

中国が宇宙を支配する日——宇宙安保の現代史　目次

第1部　「宇宙大国」中国の実力

第1章　21世紀のスプートニク・ショック

最新鋭の量子科学衛星

米中対決の舞台は、いまや宇宙に移りつつあります。それがはっきりと目の前に現れたのは、2016年のことでした。「21世紀のスプートニク・ショック」といえる事件が起こったのです。日本ではあまり知られていませんが、これは米国にとって極めて憂慮すべき深刻な事態でした。

「スプートニク・ショック」という表現は、1957年10月4日にソ連が「旅の仲間（ロシア語でスプートニク）」と銘打った世界初の人工衛星を打ち上げたときに生まれたものでした。

米ソどちらが先に人工衛星の打ち上げを成功させるか競っていた最中、先を越された米国民が受けた集団ショック状態。そのときの悪夢の再来というべき事態が、2016年8月におこったのです。このとき、中国が打ち上げに成功した人工衛星は、「量子科学衛星」といわれるこれまで打ち上げられたことのなかったタイプの衛星でした。

量子科学衛星とは、量子暗号通信技術を搭載した人工衛星のことです。この通信技術は、光子（光の粒子）の性質を利用したもので、いかなる計算機でも解読できず、原理的に盗聴・傍受が不可能とされる最先端通信システムとされています。

量子は、この世界で最小の、分割不可能な基本単位であり、その意味では世界のすべては量子でできているともいえます。研究が進むに従い、量子の特異な性質が明らかになりました。複製ができないこと、多くの箇所に同時に存在できる「量子重ね合わせ状態」が生じること、２つの光子がどれほど遠距離にあろうと強い相互関係に置かれ、どちらか一方の回転方向、運動量などが変化するとその変化を他方が共有するという「量子もつれ」が起きること、などです。何かが触れると必ず量子もつれが生じること、そのときの同期の速度が光の速度を超えており、まったく距離がないかのように振る舞うことなどが理論上、絶対に破ることのできない暗号技術を生み出す理由となるとされています。量子の性質を利用して、暗号鍵を量子通信で衛星から地上に向けて伝送するとき、暗号を破ろうとしてなにかが触れると量子もつれが起こり攻撃を検知するので、新たな量子暗号鍵を地上に送り続け、それを用いて安全な通信を行うことにより、暗号破りを防ぐことができる、という仕組みだとされています。

軍事・金融に不可欠な量子通信技術

量子通信は軍事、金融市場など秘匿性の高い情報のやり取りが死活的に重要な分野での覇権を左右しかねない技術ですが、地上の光ファイバーを用いた通信では、光の減衰が起こるため、伝搬損失が激しく約300キロメートルしか伝送できないという欠点があります。そのため、たとえば日本全国をカバーする量子通信網をつくるためには、3000から5000の地上局を置いてつないでいく必要があるともいわれています。しかし、衛星は真空を航行するため、光が損耗することがないという利点があり、全世界をカバーする広域量子暗号網を構築することが可能となります。そこで、中国はいちはやく量子科学衛星を打ち上げたのです。とはいえ、単に打ち上げに成功すれば終わりではありません。衛星と地上を確実につなぐためには、量子もつれ通信実験や高速量子通信実験など数種類の実験を成功させる必要があり、地上施設（量子衛星地上ステーション）の構築も含め、課題は残されていました。

中国が量子科学衛星を用いて実現した地上の二地点間の秘匿通信は、2016年には144キロメートルでしたが、17年9月には北京—ウィーン間で量子暗号を用いて通信

2016年8月に打ち上げられた量子科学衛星「墨子」
Avalon／時事通信フォト

動画のやり取りを実現し、19年12月末には、地上500キロメートルで運用される「墨子」号を自動捜索し衛星と連結して量子鍵（暗号鍵）の伝送を受ける移動型量子衛星地上ステーションを完成させました。そして、20年の6月半ばには1120キロメートル、21年1月7日には4600キロメートル離れた2つの量子衛星地上ステーション間の秘匿通信を成功させ、両者とも『ネイチャー』に掲載されました。

米国の沈黙が表す大きなショック

中国が打ち上げに成功し、軌道にのせた量子科学衛星には「墨子」という意味深長な名前が付けられています（英語ではMicīu

sまたはMoziと表記)。

中国の古典で、諸子百家のうち墨子は「非戦」と「博愛」を唱えた哲学者であり、同時に光学研究の成果も残した科学者でもありますから、「光」と量子のつながりから、「墨子」と名づけられたのかもしれません。これを名前に選んだ中国の意図はさておき、中国は「墨子」打ち上げに成功し、国家の安全保障上、米国に頭ひとつ抜け出す、そんな最新鋭技術を手に入れたことになるのです。

2020年12月現在、宇宙空間に浮かんで、地上と「量子暗号」のやり取りをする衛星は他には存在しておらず、中国の「墨子」が唯一無二ということになります。軍事や外交に関わる機密情報のやり取りに最も向いた通信技術の開発分野で、米国が中国の後塵を拝してしまいました。そのために、専門家の間では「21世紀のスプートニク・ショック」といわれるほどのインパクトがあったというわけです。

しかし、少なくとも表面上、米国は沈黙を守っています。1950年代の人工衛星打ち上げ成功のときのような華やかさに乏しく、科学的に込み入った説明が必要なこともあってか、スプートニクのように大衆レベルでショックが広がった形跡もありませんでした。しかし、量子科学衛星の重要性を知る米国の宇宙・防衛関係者の不気味なほどの沈黙は、むしろいかに大きなショックであったかを雄弁に物語っているのではないかと思えます。

「墨子」を開発した中国の科学者・潘建偉チームは、2017年5月、光量子コンピュータの開発に成功したと発表しています。新華社の報道では計算速度は一気に2・4万倍に達したということです。このまま中国だけが量子科学衛星を増やし、量子コンピュータ網を完成させていくと、誰にも読み取れず、誰にも破られない、そしてすべての者の暗号を破ることのできる能力を身につけることになります。

打ち上げ回数でも世界一に

中国は長期的に何を目指しているのでしょうか。中国の今後の戦略については後で詳しく触れることにしますが、ここで述べておきたいのは、中国の宇宙開発は質・量の両面で、日本を凌駕しているのはもちろんのこと、一例として挙げた量子科学衛星「墨子」がそうであったように、いまや部分的には米国をすら上回りつつあるということです。

まず、「量」の点から見ていきたいと思います。

分かりやすいのは、衛星の打ち上げ回数です。2012年の上半期、中国は打ち上げ回数で初めて世界一になりました。さらに通年でも、18年に38回、19年に33回の打ち上げを行い、34回、27回であった米国を抜いて世界一になっています。それに比べると、日本は18、19年はわずかに6回、2回であり、追いつきようのないほどの差がついてしまっています（20年は世界全体で108回の打ち上げが行われ、米国が40回［6回はニュージーランドに持つ自社の射場から米国企業が打ち上げ］、中国37回、ロシア13回、日本4回、インド2回）。

次に、「質」に目を転じてみます。中国は、2000年以降これまで5年ごとに4回「宇宙白書（中国的航天）」を発行していますが、そこではかなり詳細かつ具体的に次の5年ないし10年の計画が記述されています。個々の計画を検証すると、遅延や放棄はほぼ発生しておらず、むしろ前倒しで達成できていることが少なからずあります。新規の技術開発の不確実性や十分な予算確保の困難から、宇宙開発のような事業では、むしろ計画未達や遅延はつきものです。その「常識」が、中国に限っては当てはまりません。

例えば、2000年に出した第1次「宇宙白書」では、「2010年代半ば頃までに人間を宇宙に送る」と書かれていました。ところが、実際にそれが実現したのは、早くも03年10月のことだったのです。

次々と他国に地上局

「墨子」が地上と量子暗号をやり取りする場合、地上局は中国の領域内だけにあるというわけではありません。

それらの通信実験に限っていうと、オーストリア、イタリアの科学者がそれぞれの国から「墨子」にアクセスし、実験を成功させています。「墨子」は高度５００キロメートル（近地点）と５８０キロメートル（遠地点）のほぼ円軌道を大体秒速７・５キロメートルの速度で移動していますが、高速で移動する衛星との交信を確かなものにしたければ、地上の多地点に受信局を確立することが必要となります。これは、通信、リモートセンシング（地球観測）、測位航法など用途を問わずすべての種類の衛星にいえることであり、精度の高い衛星データ取得をめざすのであれば、世界中のさまざまな場所で地上局を設置する足掛かりが必要です。

リモートセンシング衛星とは、地上の対象物が反射しまたは放射する電磁波を利用して、対象物に直接触れずにその大きさ、形、性質を観測する衛星のことです。資源探査、植生分布、地図作成、気象、海面温度の観測などに活用されています。測位航法衛星は、衛星から発射される信号を利用して、三次元での位置と正確な時刻を測定するもので、最近では、金融市場や精密機器での時刻管理の機能がより重要になっていることから、「測位・航法・調時（ＰＮＴ）衛星」といわれることも増えてきました。

　中国は、すでに、遠くアフリカやラテンアメリカ諸国においても、地上局を使っています。それはどうして可能だったのでしょうか。

　通信衛星や、リモートセンシング衛星、特に大型で技術的にも資金的にもハードルの高い静止衛星を、中国が他国のために製造し、打ち上げ、管理も引き受ける。そのプロジェクトの一環として、各国に地上局が建設されるからです。

　静止衛星とは、赤道上空約３万６０００キロの軌道上にあり、地球の自転と同じ周回周期を持つ人工衛星のことです。地球上からは赤道上空に静止して見えるため、その名がつきました。気象衛星や通信衛星、放送衛星などの多くがこの静止衛星です。そして、静止軌道は各国が打ち上げた静止衛星でだんだん混み合ってきています。静止衛星の獲得は、資金、技術の問題だけではなく、その軌道位置（たとえば東経28・2度）を国際電気通信連合（ＩＴＵ）で国家間調整を経て獲得する必要があり、入手は容易ではありません。それに比べて、低軌道（高度２０００キロメートル以下）衛星は安価に入手できるので、最近では中国が各国に提供したこの型の衛星もかなり数が増えています。

アルゼンチンでは50年間の土地貸与

さらに、中国はラテンアメリカやアフリカに、宇宙にある物体の位置や軌道を観測する宇宙状況監視（ＳＳＡ）局も増やしています。これは、米国とその同盟国の構築するＳＳＡネットワークに対抗する意思の表明です。

ペルーにも２０１５年に中国が主導する国際組織、アジア太平洋宇宙協力機構（ＡＰＳＣＯ）の枠組でＳＳＡ施設が設置されていますが、ここではアルゼンチンの例を挙げます。

２０１４年に締結された中国とアルゼンチンとの宇宙協力協定に基づいて2年かけてパタゴニア地域のネウケン州に設置された中国の深宇宙ステーション（deep space station）関連施設（天体観測用の地上局）の真の意図を調査すべく、19年に米国上院軍事委員会で公聴会が開かれました（「深宇宙」に厳格な定義はなく、漠然と地球近傍ではなく月・惑星以遠を指します）。中国は、これを19年1月に世界で初めて成功した月の裏側への無人機着陸のための観察などに使用していると説明しましたが、米国は額面通りに受け取ってはいませんでした。

通常二国間のプロジェクト協定の中味は公開されませんが、2014年、アルゼンチンのペロン派（左派）政権時代に結ばれた宇宙協力協定の内容の一部が、その翌年に政権を取った保守派の大統領府により明らかにされたことから、中国との国際協力の果てに何が待っているのか、その一部が明るみにでました。協定では、深宇宙ステーション施設に加え周囲の494エーカー（約200ヘクタール）の土地も、50年間中国に貸与されることになっており、土地の固定資産税などに加えて、敷地内で中国の労働法に従って勤務する中国人労働者に関するすべての税が免除されていました。敷地内はまるでアルゼンチンの主権が及ばないかのようです。ステーションは中国衛星発射測控系統部（CLTC）が運営しますが、CLTCは人民解放軍の戦略支援軍に業務報告を行っており、事実上、人民解放軍の支配下にある点も特徴的です。

そこで2015年に成立した保守派政権は、この協定を見直そうとしました。元来、米国との宇宙協力に実績をもつアルゼンチンにとっては、中国との宇宙協力は大きな政策転換であり、議会も、中国の軍人が闊歩し、アルゼンチン人のアクセスが制限されている深宇宙ステーションの存在に危機感を募らせていたからです。しかし同年、議会は結局、前政権の計画を承認することになりました。中国からの借款、リーマンショック後の通貨スワップ、世界第3位の生産高を誇る大豆の最大の輸出先が中国であること、計画中の巨大ダム建設の借款など、中国の経済支配は抜き差しならないところまで来ていたのです。

２０１９年以降再びペロン派（左派）政権に戻り、20年7月24日には、新たな宇宙協力協定と通貨スワップ協定がほぼ同時に両国間で結ばれたことが『ニューヨーク・タイムズ』などで報道されています。リーマンショック後、余裕をなくした米国ではラテンアメリカに対する関心が低下していたといわれています。その間隙をついて中国がまた1つ、宇宙案件で南米に進出したともいえ、上院で懸念を示したときには、この件は遅きに失していたようです。

今後の「宇宙での競争」とは

海軍力とは何かを著した古典『海上権力史論』で、著者アルフレッド・セイヤー・マハンは、海軍国として覇を唱えたければ個々の港、港へのアクセスを手中にすることが欠かせないと言っています。大英帝国は、アジア進出において、コロンボ、シンガポール、上海と、港湾を押えていきました。いまの中国が進める宇宙政策は、その再来ということがいえるのではないでしょうか。地球上のさまざまな地点に置いた地上局へのアクセスを抜きにして、「宇宙覇権」を狙うことはできません。そのことを、中国はよく分かっているということなのです。

それでは、今後、月からさらにその先、たとえば火星など「深宇宙」に探査を進めていこうとする場合、何をめぐっての競争になるのだろうかと考えてみます。

一言で言うと、自由に宇宙へものを送り、そこで他国からの干渉なしに経済活動を安全に活発に行うための競争、さらには天体に定住する場合、自由に場所を選び、自らが好ましいと考える経済活動ができるようになるための競争になるのではないかと思います（現在、主要な宇宙活動国すべてが加盟する「宇宙条約」では、天体での軍事活動を禁止しています）。このような目的のために超長期の意思と能力を一国でもつ国は限られるでしょう。米国と中国。強いていえば、ロシア、あるいはインドもそこに入るかもしれない、と世界は見ているのではないかと思います。

第2章　ロシアを抜き去り米国に迫る道のり

宇宙軍事技術はカーナビにも応用される

米ソ冷戦の間、打ち上げられる衛星の実に75―80%は、軍事専用の衛星でした。ストックホルム国際平和研究所（ＳＩＰＲＩ）が発行する年鑑『World Armaments and Disarmament: SIPRI Yearbook』を参照して計算すると、１９５８年から84年までの間に限ると、打ち上げられた約２２００機の衛星のうち75%以上は軍事専用の衛星であったことがわかります。海洋に比較しても、特に冷戦時代、いかに宇宙が軍事利用に特化した場所であったか、驚きを禁じ得ないものがあります。

こうした状況は、ソ連が崩壊して冷戦が終わり、21世紀に入る頃までに変わっていきます。20世紀末には、軍事専用衛星の占める割合は、20%を切るようになりました。

その頃には、各国の軍隊は民間衛星サービスを購入するようになっていました。なぜそんなことが可能かというと、宇宙技術には、本質的に軍事と民生の境は存在しないからです。ロケットは弾道ミサイル技術を利用する飛翔体であり、精密地図作成のための分解能（異なる2点を2点として認識する最小距離）の高い衛星画像は敵国の軍事基地の監視に役立ち、ミサイルの精度を上げるための測位航法衛星の信号は、カーナビや被災者の居場所確認に利用されているのが現実です。

政府が民間衛星サービスの顧客となったのは、通信衛星からでした。続いて光学やレーダー・センサーを使って地上の様子を詳しく見る「リモートセンシング衛星」の情報を買うようになりました。巨額の費用を投じて軍自らが衛星を開発し、打ち上げ、運用するかわりに、武力紛争が勃発した時など、需要が急激に伸びる時期にのみ、需要増加分を民間の衛星に頼ることになったのです。宇宙技術の進展と、冷戦後に米ソの核戦争の危機がなくなったことにより可能となった変化といえますが、自国に優れた民間宇宙技術運用事業者を擁しておくことの重要性を世界に示すことにもなりました。民需で軍需がまかなえるなら、民需を伸ばすことが一挙両得になります。

中途半端に終わったロシアのビジネス進出

ロシアも冷戦終了後、競争力があり外貨を稼げる数少ない産業として、衛星打ち上げ提供業やリモートセンシング画像販売業に乗り出します。前者は現在に至るまで競争力のあるビジネスです。後者は、分解能は十分高かったのですが、サービス面に問題があり、フランスのスポット衛星（冷戦終結当時、白黒10メートル、マルチスペクトル［多色］20メートルという高分解能の画像で市場を席巻していました）にはとても太刀打ちできませんでした。インドは、１９９０年代にインド宇宙研究機関（ＩＳＲＯ）の商業部門アントリックス社を通じて画像販売に乗り出しました。同じ時期、全天候型レーダー衛星からの画像販売に特化するカナダのレーダーサット衛星による画像も市場に進出しました。サービスに長けていなかったロシアのリモートセンシング画像販売ビジネス進出は中途半端なものに終わらざるを得ませんでした。

同じ技術が軍事目的と民生・商用目的に利用できる、という点は、リモートセンシング画像については、面倒な点もあります。分解能が高い画像、多色画像、夜間や厚い雲も無関係に撮影されたレーダー画像などさまざまな特徴をもつ画像で特に良質のものは、軍事・安全保障目的にとりわけ有益であるため、自国企業のビジネスの隆盛が自国や同盟国の安全保障を害する側面もあるからです。そこで、リモートセンシング衛星運用先進国は、ビジネス促進と安全保障考慮のバランスをいかに取るかに腐心してきました。

たとえば、米国は１９９４年の大統領決定指令（ＰＤＤ）23などに基づき、一定以上

（この数値は文書には記載されていません）の分解能をもつリモートセンシング画像の販売やリモートセンシング衛星自体の輸出などに制限をかけました。フランスではリモートセンシング画像を販売するのは特殊法人スポット・イマージュ社のみでしたから、国がその活動を監督していました。ロシアは完全に資本主義に移行していない時期にリモートセンシング画像販売を開始したので、国が規制を及ぼすことはより容易だったでしょう。しかし、それがサービスの悪さにつながり、ビジネスが成功しなかった理由の1つになってもいきました。中国は、リモートセンシング衛星の提供や画像の販売、データ受信局の設置などは、市場での純粋なビジネスとしては実質的には行わず、宇宙外交の手段として活用しているようです。

軍事とビジネスの境界線

ベンチャー小企業や大学の小型リモートセンシング衛星でも光学センサーの分解能1メートルが可能となっている現在、民間事業者はどの程度までの画像を市場で取引することが許可されているのでしょうか。米国では、「陸域リモートセンシング政策法」（1992年）の免許規則に基づく商務省国家海洋大気庁（NOAA）の審査により、安全保障上の問題に留意しつつ、分解能約0・25メートルまでの画像の販売が許容されると考えてよいようです（法的な表現としては、より正確には、分解能約0・25メートルの画像を取得できる衛星の運用が許可される、ということになります）。

しかし、これは世界のすべての場所についてではありません。米国では1997年以来、イスラエル領域を撮影した画像については、平時であっても、他国の業者が市販している画像よりも分解能の高い画像を撮影しまたは販売してはならないという制限が存在しています（97会計年度に向けた国防権限法1064条）。これは米国市民に課される義務ですから、場合によっては、イスラエルの販売業者の方が米国の事業者よりも高分解能のイスラエルの画像を販売しているということなどもあり、米国産業界はかねてよりこの点に不満を抱いていました。国防権限法に基づく最良の分解能とは、具体的にはどの程度の数値なのかというと、NOAAは、ごく最近まで2メートルと判断してきました。それが2020年7月21日付けの官報により、0・4メートルまでに緩和されました。すでに8カ国、12以上の企業がその程度までのイスラエルの画像の市場販売実績があるという理由での変更です。このような見直しが行われた理由は、18年5月にトランプ大統領が宇宙政策指令（SPD）2で、宇宙ビジネスを促進するために、無益な規制を撤廃するように指示を出したことにあります。

強靱(きょうじん)な宇宙産業を育成することが、とりもなおさず宇宙における軍事力を高めることになり、軍と軍事産業をユーザーにできるなら宇宙産業はさらに伸びるという良循環が成り立つことは世界で実証されています。中国も米ロ欧に範を取り、拍車をかけて宇宙利用の技術を伸ばそうとし、より大胆な軍民融合を進めました。中国の「民」がどこまで民間といえるか、という問題は別途ありますが、中国の宇宙大国化は、狭い意味での世界市場での宇宙ビジネスをあきらめ、むしろ自国のインフラ整備、外交力、むきだしの軍事力の呈示として宇宙を活用していったあたりから始まったように思われます。

不可欠なサイバー技術

軍民相互乗り入れでよい循環が成り立ち、双方が伸びていくという構図は、サイバー空間についても当てはまるかもしれません。事実、アウター・スペース（宇宙空間）とサイバー・スペースは、技術において避けがたく交わり合っています。

宇宙活動はロケットと衛星だけで成り立つわけではありません。地上との交信が重要ですから、宇宙活動は、衛星や宇宙ステーションのような宇宙空間に存在する部分、地上との間の「通信リンク」、そして地上局の３つの「宇宙資産」と呼ばれる要素を用いて行われています。これを壊したいと思う悪意の主体は、物理的な破壊をするのでなければ、どこかにサイバー攻撃を仕掛けることでしょう。

電子戦と同様の仕組みで通信リンクに電磁波攻撃をかけるというのが、最も古典的な方法です。現在は衛星内部のミッション機器（センサー）に悪意のあるソフトウェアやコード（総称して「マルウェア」）を送り込み、通信リンクや地上施設において情報を窃取したり（ハッキング）、偽情報をミッション機器に送りつけて衛星からの信号によって運用されている兵器の動きを錯乱させたり（スプーフィング）、というように、コンピュータに入り込んでそれを狂わせるという要素を含む、真の意味でのサイバー攻撃が主流となりつつあります。宇宙大国であるためには、サイバー攻撃に対して脆弱ではない宇宙資産のシステムを作り上げることが軍事専用システムだけではなく、民生・商用システムにとっても重要です。最近の調査で、高額な商用静止衛星のほとんどは軍事専用衛星並みの暗号化まではされておらず、ハッキング、スプーフィングやハイジャッキング（通信乗っ取り）に対して脆弱だと報告されていますが、サイバー攻撃に強いシステムを作ることは宇宙機器製造や運用に余分のコストとなりますから、軍事専用システムでないかぎりなかなか難しいことも事実です。

軍事機関においては、サイバー攻撃をかけられ被害がでたときには、必要に迫られる場合には同程度の被害を相手方に与えることができるような攻撃力を保持することが必要でしょう。このためには、まず、サイバー攻撃を仕掛けてきた「相手方」が誰なのか、どこの国なのかを正確に、また、なるべく迅速に認識する技術が必要で、サイバー強国になるためにはやはり総合的な科学技術力、サイバー対応の資金力と人材、そしてこの分野の覇権を取るという意思が必要となります。

宇宙とサイバー、この2種目で世界覇権を狙える国は、限られます。やはり、米国と、そして中国なのでしょう。

技術力でみた米中日比較

中国は現在、どのような位置にいるのでしょうか。とくに米国との比較で、中国の宇宙能力をどう見積もるべきなのか。時系列で簡単にみていきます。比較のために、日本やインドの位置付けも要所要所に入れていきます。

中国は宇宙開発のごく初期、1950年代半ばから、核兵器、ミサイル(ロケットもこのカテゴリーに含まれる）という２つの「弾」、そして衛星という「星」を保有する、つまり、核と宇宙の双方の実力を涵養（かんよう）して強国となるという内容の「両弾一星」政策を掲げていました。

日本と中国の宇宙能力の関係はというと、冷戦期はまだ日本の方が総合力では勝っていたとも考えられますし、少し古い数字になりますが、２０１１年と13年に実施された独立行政法人（現・国立研究開発法人）科学技術振興機構の宇宙技術力調査（宇宙輸送、宇宙利用、宇宙科学、有人宇宙活動の４項目の合計点で順位づけ）では、前者は１００点満点中53点対44点、後者は53点対48点で日本が中国を上回っていると判断されています。もちろんこれは民生の宇宙技術力の比較なので軍事・安全保障を含めた観点とは読み方が異なってくる点を念頭に置いて読まなければならないでしょう。また、わずか２年でぐっと差が縮まっているところに、リーマンショックからいちはやく立ち直り、米国への挑戦を始めつつあった頃の中国の破竹の勢いを示しているといえそうです。13年は習近平が国家主席に就任した年でした。

ちなみに２０１３年の宇宙技術力比較では、米国は95点で断然トップ、２位は欧州（70点）、３位ロシア（60点）、４位日本（53点）、５位中国（48点）、６位インド（23点）、

7位がカナダ（10点）となっています。

2007年衛星破壊実験の衝撃

中国の歩みを順序立てて詳しく見ていきましょう。

（1）中国が初めて衛星を打ち上げたのは、1970年4月のことです。日本初の衛星「おおすみ」に遅れること2カ月で、ソ連、米国、フランス、日本に次いで世界で5番目に、自国の領域から国産ロケットで自国の衛星を打ち上げることに成功しました。

（2）75年以降、中国は大多数のリモートセンシング衛星を、地上で撮影機器を回収するタイプの地上回収型衛星として開発・運用し、大気圏再突入技術を磨いていきます。日本は米国との69年の協定で、米国の60年代の液体燃料型ソー・デルタ（Thor-Delta）級ロケットの機密指定されていない機器・技術を米企業から購入することができるようになりましたが、弾道ミサイル技術につながる大気圏再突入技術はそこから除外されていました。回収技術は、基本的に再突入技術と同じものであるため、日本では一種のタブーでもあり、長い間、宇宙物体（地上で製造した人工物で宇宙空間にもちこんだもの。衛星、探査機、ロケットなど）の回収技術獲得に向けて計画をたてることができなくなりました。それは、結局、有人機を保有しない国への道でした（第３部で詳述）。

静止衛星のような大型衛星に目を向けると、中国は84年４月に打ち上げを成功させていますが、日本は77年２月です。この時代はまだ日本の方が総合力で勝っていたと考えられます。

（３）２００３年10月には、有人宇宙船を宇宙に送り出し、地球に回収することに成功しています。これは、ソ連、米国についで３番目の達成で、この頃から「３大宇宙大国」になったと公言するようになりました。

（４）07年１月には、米ソに次いで、対衛星攻撃（Anti-Satellite：ＡＳＡＴ）実験を挙行します。

米国とソ連・ロシアが物理的破壊を伴うＡＳＡＴ実験を１９８６年以来控えていた中でのことであり、また、１世紀近く軌道に残留することになる３３００を超えるスペースデブリ（宇宙ゴミ）をまき散らしたため、宇宙能力への注目を集めるとともに、非難の的となりました。米ソがＡＳＡＴ実験を停止し続けたのはスペースデブリを急速に増加させることを回避するためでしたから、突然の中国の実験はいっそう強い批判にさらされました。しかし、中国はまったく動じることはなく、３大宇宙大国としての特別の地位を確認したという姿勢でした。この様子を見て、経済目的の宇宙利用に邁進していたインドの政策が変わり出します。次第に宇宙の軍事利用に力を入れだし、2019年3月には、世界で4番目に物理的なASAT実験を行った国となりました。モディ首相が実験直後にインドは「宇宙大国（a space power）」となったと誇らしげに宣言し、核兵器を保有したときのように、多くの国民からASAT実験は支持されています。

月の裏側での探査機着陸は世界初

（5）そして、2013―14年頃から、中国はロシアを能力面で凌駕するようになっており、現在まさに米中2大宇宙大国時代を到来させたといってよいでしょう。

たとえば、07年にはロケット打ち上げ数がロシア26回、米国19回、中国10回（ちなみにインド3回、日本2回）だったのに対し、14年半ばから、ロケット打ち上げ能力、衛星保有数でロシアを抜き去っています。

18年には米国34回、ロシア16回に対し、中国は38回（インド7回、日本6回）、19年には米国27回、ロシア22回に対し、中国は33回（インド6回、日本2回）のロケット打ち上げを行いました。1年だけならばたまたまということもありますが、2年同じパターンが続いたとなると要注意です。ロケットの打ち上げ回数は、一国の宇宙開発利用の総合的な力の重要な部分といえますから、将来振り返って18年が分岐点だった、ということにもなりかねない事態といえるでしょう。

（6）多種多様な軍事衛星や汎用衛星の数と性能では、まだ米国に及ばないとしても、限られた、それも戦略的に重要な分野では、米国を抜き去ることすらあるのが今日の中国です。量子科学衛星がその好例でした。

（7）宇宙科学、宇宙探査分野でも次第に米国に迫りつつあります。19年1月に世界で初めて月の裏側に探査機を着陸させたことも、見守っていた米国の専門家たちに脅威の認識を新たにさせたことでしょう。20年7月には火星探査機の打ち上げに成功しました。21年6月までには着陸機が火星に軟着陸し、探査ローバー（移動型火星探査基地）が火星表面のデータを収集する予定です。成功すれば、米国に次いで世界で2番目に火星の軟着陸と無人探査を行った国となります。20年12月には、44年ぶりに米ソに次いで世界で3番目に、無人機で月の石や砂などのサンプルを取得することに成功しました。

（8）そして、米国の測位航法衛星群「GPS」（全地球測位システム）の中国版である「北斗シリーズ」は、2000年の初号機から20年6月まで55機打ち上げられ、退役した衛星やバックアップとして待機させる衛星を除いて35機での運用体制を完成させました。予定より半年早く完成したということで、近年ほぼ中国だけがなしえている前倒しの例がここにもまた1つ加わりました。数だけの単純比較でしたら31機体制の米国を超えました。

第3章　米中の蜜月と破綻の歴史

米中で結ばれた3つの宇宙協定

今は各分野で火花を散らす米中ですが、冷戦終焉当時の米中関係は現在とはまったく異なるものでした。米中蜜月から関係途絶へ、そして中国が現在の宇宙版「一帯一路」への道筋へと歩みだすまでを、ここではみていきましょう。

１９８８年から89年にかけて、米中間に、３つの宇宙協定が成立します。①米国製の衛星を中国の長征ロケットにより打ち上げることを前提に、打ち上げてよい衛星数の上限を以後９年間で９機とし、欧米の打ち上げ価格との価格差の上限などを定めた「宇宙貿易協定」、②衛星を搭載した長征ロケットが落下した場合などに仮に米国が第三国に賠償責任を負った場合にそれを中国が米国に払い戻すことを約束する「損害賠償協定」、そして③米国の衛星を中国のロケットに搭載するときに米国の技術が盗用されないことを確実にするための監視措置を規定した「保障措置協定」の３つです。

宇宙貿易協定は、中国が安価に外国の（米国の、とは限らず）衛星を多数打ち上げることによる米国のロケット打ち上げ産業の衰退を懸念してのもので、一定期間内に中国が打ち上げてよい外国政府・企業を顧客とする衛星の数や、米欧での市場価格との差違の上限などを定めています。米国の衛星打ち上げだけではなく、すべての外国衛星を対象としているのは、中国にとっての外国衛星の打ち上げサービス業獲得は、米国の打ち上げ産業の圧迫となることが意識されていたからでしょう。米国は衛星製造業者のためには安い打ち上げ機（ロケット）が望ましいのですが、同時に自国の打ち上げ事業者のためには、外国ロケットがあまり安くなると困る、という面があり、両者の調整を行ったのが中国との宇宙貿易協定、となります。

2つめの損害賠償協定は、若干法技術的な話ですが、中国が当時、宇宙損害責任条約（1972年）に加入していなかったことによるものです。同条約は、地上落下によって損害が生じた場合は、加害国である「打ち上げ国」が被害国に対して無過失上限なしで賠償責任を負うというものです。中国は条約に入っていませんから、打ち上げ国責任を十分に負わない可能性が高く、この場合、衛星打ち上げを委託した国が「打ち上げ国」となる可能性が高いので、中国の代わりに米国がその責任を負ってしまう可能性があります。米国が打ち上げ国と判定されて被害国に賠償を支払った場合、その金額を中国が米国に払い戻す、という約束が2つめの協定の内容です（その後ほどなくして、中国は同条約に加入します）。

３つめの保障措置協定は、米国のロケット・ミサイル技術の流出を防ぐためにも特に重要なものでした。衛星をロケットの最先端部に位置するフェアリングに搭載するときの接合の技術は、ミサイルに核弾頭を搭載する技術に似ており、米国の搭載技術を学べば、多弾頭型ミサイル（ＭＩＲＶ）を獲得する方向に進むことができるからです。そもそも当時、すべての衛星は米国武器輸出管理法（ＡＥＣＡ）の「武器」に該当しており、単なる汎用品の機微品目（軍事転用の可能性をもつ品目）よりもいっそう厳格な輸出管理法制の下に置かれていました。「輸出」とは物品や技術が国境を越えることです。商業目的である必要もありません。

この３つの協定によって、米国企業が製造した通信衛星を、中国が打ち上げることを一応米議会が承認したのです。

なぜ米国は中国にロケット打ち上げを委託したのか

世界が新規に打ち上げる衛星のうち、当時の米国は、その８割までを一手に製造していました。問題は打ち上げ用ロケットの不足でした。なぜロケットが不足し、それを中国が引き受けることになったのでしょうか。これは１９８０年代の米国の宇宙輸送政策に由来します。

宇宙活動にとって最大の難関は1回打ち上げると１００億円以上かかる打ち上げ費用です。そこで、80年代前半、米国は、打ち上げ費用削減を目指し、近い将来、軍事衛星、民生衛星ともに再使用型のスペースシャトルを利用して打ち上げる政策を採用し、1回限りの利用で燃やし尽くしてしまう「使い捨て型ロケット」の製造を減少させていました。ところが86年のスペースシャトル、チャレンジャー号の爆発事故により計画が大きく狂います。使い捨て型ロケットは、優先順位の最も高い軍事衛星の打ち上げに用いられ、残りのロケットは、米国家航空宇宙局（ＮＡＳＡ）の科学衛星用に使われることになりました。そのため、商用衛星用には外国ロケットを探すこととなってしまいました。欧州宇宙機関（ＥＳＡ）のアリアンロケット（実態はフランスのロケット）はありますが、米国打ち上げ業界の最大のライバルにビジネス機会を与えることは業腹であり、また、アリアンロケットは信頼性は抜群でも高価だという事情もありました。むろん敵国ソ連のロケットを使うわけにはいきません。そこで、当時「友好的非同盟国」と位置づけられていた中国に打ち上げを委託してはどうかということになり、３つの米中協定につながったわけです。

ほどなくして89年６月、天安門事件が起き、その後、米中宇宙貿易協定は事実上破棄されました。けれども米中蜜月がこれで一気に冷え込んだわけではありません。93年に第２次、95年に第３次協定が締結されます（若干脱線しますが、米中はこのパターンを歩むことが多く、宇宙だけではなく、エネルギーや機微技術の協力協定は、中国の協定不遵守や人権抑圧などを理由に破棄されることがあっても、数年して政権同士の関係が改善されると協定も復活するということが、過去数十年、繰り返されています）。

クリントン政権の下で米中友好が築かれていく中で締結された95年の米中宇宙貿易協定は、２００１年末までの間に静止衛星を11機、低軌道への衛星コンステレーション（多数の衛星を用いて同一のプロジェクトを実施する衛星の使用形態。この時代は主として高速移動体通信が目的でした）には数量制限なし、という内容でした。欧米市場との打ち上げ価格差は15％までは許容されることになっていましたが、価格の計算の仕方を操作することにより、実際は、外国顧客には15％よりずっと安く感じられる額となっていたようです。

米国は、中国以外には、ロシア（１９９３年。96年に改正）、ウクライナ（96年）と同様の二国間宇宙貿易協定を締結しています。冷戦終結後の米国は、まず91年には商業宇宙打ち上げ政策ガイドラインを策定し、ロシアのロケットを使用することを可能としました。ロシアやウクライナに対しては、資本主義経済への円滑な移行を助けるという目的もあり、基本的には中国に対するのと同様の発想で打ち上げ数制限、価格差制限を設け、技術保障措置協定を加えた時限つき協定を結んでいます。

このような宇宙貿易協定は、いくつかの目的を同時に効率よく達成するものとして当初は歓迎されていました。米国の衛星製造者や衛星運用事業者には安い打ち上げ機を提供でき、一応数量制限や価格差制限を設けて、米国打ち上げ産業も打撃を被らないように注意しています。また、中国から北朝鮮、イランその他の中東・アフリカ諸国にミサイル技術が流出することをおさえるという目的もありました。一機打ち上げれば１００億円の利益となる契約を与える代わりに、西側諸国で結ぶミサイル技術管理レジーム（ＭＴＣＲ）並みのミサイル技術の不拡散政策を中国に取らせる約束を協定に組み込んでいたのです（ロシア［95年］とウクライナ［98年］は相次いでＭＴＣＲの加盟国となりましたが、現在も中国は、ＭＴＣＲには入っていません）。

しかし、米中友好ムードの中で次第に３つめの協定、保障措置協定の現場の運用が緩んでいきます。

産業界の要請で緩められた規制

後に行われた米下院特別委員会の調査報告書によると、現場の保障措置にかなりの緩みや堕落があり、保障措置協定が守られていなかったことが見て取れます。打ち上げ前の数週間から２カ月前に米国製衛星は中国の射場に運びこまれ、さまざまな打ち上げ前の試験を受けていましたが、その間、衛星の情報が盗まれないように現場で監督すべき国防総省職員は、十分な訓練を受けていない者が１名しか派遣されておらず、それもしばしば入れ替わっていたり、１９９０年代半ばには３回、打ち上げ関連の検査などについて、国防総省の職員がまったく立ち会わないことすらあったということです。この間にロケットと衛星の接合部分、米国のフェアリング製造技術が協定に違反して中国の手に渡ったとされています。

士気の緩みをもたらす原因の１つは、ブッシュ（父）・クリントン両政権下で漸次、米国の輸出管理法が、産業界の要請に応じて緩められていったという事実にあります。

1992年には、ほとんどの通信衛星は、武器輸出管理法（AECA）の下部規則「国際武器取引規則（ITAR）」（日本の航空宇宙産業界ではしばしば、米国の厳しい輸出管理規制について「アイタール」の許可が大変で、というような言い方をします）に記載される武器品目リストから、米国の汎用品機微品目・技術の輸出を対象とする輸出管理法（EAA）の「規制品目リスト」（CCL）に移管されました。

武器品目であるならば、国務省が米国の安全保障上の問題がないことを確認してから輸出許可を出すのですが、輸出管理法の規制品目リストに載っているものは、商務省が米国のビジネス上の利益を中心に審査を行って輸出許可を付与します。輸出管理の厳しさはまったく異なります。そのような中で、通信衛星のどのような部品・技術が、いまだに国務省が輸出許可を出す武器品目リストの対象であったかを調べることが企業側にとっては難しかった、という主張や擁護ものちになされました。しかし、ベンチャー中小企業の進出が著しい現在と異なり、当時は巨大航空宇宙産業が衛星製造に関わっていますから、これは多分に言い訳に近いものであったといえるでしょう。百歩譲って最新型ではない通信衛星輸出については商務省の許可のみでよいと企業が考えたとしても、どのような衛星であれ、衛星と接合するロケットのフェアリングについての技術は、武器輸出管理法（ＡＥＣＡ）／ＩＴＡＲの「衛星」ではなく「ミサイル・ロケット」に分類されているからです。「ミサイル・ロケット」に関係する以上、絶対にＩＴＡＲの武器品目リストから移動することはありません。これは、現行の武器輸出管理法が制定された１９７６年から現在に至るまで米国輸出管理制度の鉄則です。

核弾頭搭載技術が漏洩

そんな中、３回の事故が起きます。２回はヒューズ社製造の静止通信衛星です。１９９２年にはオーストラリアの衛星運用事業者オプタス社のＯｐｔｕｓＢ２号が、95年には当時は英国の企業であった香港ＡＰＴ社のＡｐｓｔａｒ２号が、ともに長征２Ｅロケットで打ち上げられましたが、ロケットの爆発事故により衛星の軌道配置はできませんでした。その後、中国による事故調査が行われましたが、ヒューズ社は、国務省からの許可を取らずに、衛星をロケットに接合するフェアリング技術について中国に情報を開示してしまいました。

96年には米ロラール社が衛星の打ち上げを長征３Ｂロケットに委託しますが、打ち上げに失敗します。そして、事故調査において、やはり国務省からの許可を取らずに衛星のさまざまな情報を開示してしまいます。この96年には、米国の輸出管理法はさらに緩和され、すべての通信衛星は商務省の輸出管理手続の下に置かれることになりました。そこで、ヒューズ社やロラール社からは、国務省から許可を取る必要があるとは考えていなかったという主張が出てくるわけです。

中国の手頃な価格のロケットでの衛星打ち上げを継続するつもりであったことが、ロケットの性能向上を目指した事故調査への過剰な協力につながったのでしょうが、それ以外にも中国側から米企業などへの便宜供与等の事情があったのかもしれません。

事故以前のずさんな監視体制の下での保障措置協定違反による技術流出に加え、事故調査時の米国企業の輸出管理法違反による積極的な情報開示で、米国がもつ衛星をロケットのフェアリングに搭載する技術、すなわちミサイルに核弾頭を搭載する技術は、中国に移転されてしまいました。

「中国への衛星輸出」を停止

このような状況下、次第に議会の眼が厳しくなっていきました。当時、中国は、水爆情報、スパコン情報も米国から盗んでいるという疑惑が高まっていました。１９９８年に、水爆、スパコン、ミサイル・宇宙について、中国の情報窃取、中国への情報漏洩を調査するための下院特別委員会（コックス委員会）が設置され、調査に入ります。その結果、99年1月に機密非公開版、同年5月に公開版の報告書が採択されることとなりました。公開版の報告書によると、宇宙については、衛星打ち上げ時のずさんな保障措置体制と運用により衛星情報が漏れていたことや、事故調査の過程での違法な情報提供により、中国のミサイル、ロケット、軍事衛星の技術向上を大きく助けたことが記載されています。最も大きな問題は、フェアリング技術の漏洩が、中国が当時はまだ完成していなかったミサイルの核弾頭の多弾頭化（ＭＩＲＶ）技術を完成させるのに貢献したと判定された点です。これは米国の核戦略にとって大いなる痛手です。それ以外にも、宇宙に設置する兵器の技術向上、中国の軍事情報収集衛星やそのセンサーの性能向上、軍事衛星コマンド・アンド・コントロール技術の向上を助け、また、ミサイル設計や設計分析、実験手続、特定の失敗分析に対する技術ノウハウの応用などを教えてしまったと判定されました。

下院特別委員会の調査中、既に米国は、武器輸出管理法（ＡＥＣＡ）と汎用品の輸出管理法（ＥＡＡ）の見直しに入っていました。そして、「99会計年度に向けた国防権限法」では、数年間商務省に許可付与権限を与えてきた衛星関連の輸出管理をすべて国務省管轄に戻しました。すべての衛星は再び武器扱いとなり、中国への輸出（中国領土からの打ち上げ）は、考えられないこととなりました。

もともと中国は、米国の輸出管理体制では、「グループD5国」という武器禁輸国に位置付けられています。米国は、相手国が核、生物・化学兵器、ミサイル、通常兵器についての4つの国際輸出管理レジームに入り、米国と同じ趣旨で輸出管理を行っているか、米国の安全保障を害するような政策を取っていないか、などさまざまな基準により、最も輸出管理の緩やかな「グループA1国」（通常兵器までの4つの輸出管理レジームに入っている国で、具体的には、日本を含む西側諸国の多くがこれに当たる）から「グループE2国」（米国が国連制裁対象などとは無関係に独自に禁輸を行う国で2020年現在はキューバのみ）まで扱いを変えています。グループD5国という武器禁輸国には、中国のほかにイラン、イラク、北朝鮮、シリア、レバノン、ジンバブエなどが含まれ、21年1月現在は、21カ国がこのグループです。

安全保障貿易管理における中国の扱いとはもともとそういうもので、ブッシュ（父）政権、クリントン政権の下で合意された宇宙貿易協定により、武器禁輸を免除されていたに過ぎなかったというのが真相です。中国は米国にとって矛盾した存在です。安全保障という観点からは、テロ指定国家の「グループE国」よりは上ですが、「グループD国」の中でもかなり厳しい扱いを受ける潜在的敵国で、冷戦後のロシアよりも厳しい扱いを受ける対象です。しかし同時に、その市場や中国が提供できる安価で一応は信頼のおける先端技術を備えたサービスが米国にとっての魅力で、米国産業界は中国にどんどん吸い寄せられていくことにもなっていたのです。

排除された中国が向かった先は

その後も中国との距離の取り方についての模索は続きます。オバマ政権は、米国の輸出管理法の抜本的な改正に取り組み、最先端技術を含まない衛星は2017年以降、再び武器輸出管理法とITARの軍需品リストに基づく国務省の管轄から、汎用品を扱う商務省の管轄に戻ります。しかし、中国に対して影響はありません。かつてのような特別合意がなければ、グループD5国に機微な品目や技術を輸出することはできないからです。5G（第5世代移動通信システム）時代に直面した18年8月に制定された「19会計年度に向けた国防権限法」は、中国にさらに厳しい姿勢を示す「輸出管理改革法」

（ＥＣＲＡ）と「外国投資リスク審査現代化法」（ＦＩＲＲＭＡ）を含んでいます。ファーウェイ社などが対象です。経済が安全保障と一体化し、米中衝突がいっそう厳しさを増す中で、今後も米国製の衛星だけではなく、米国の技術が入った衛星を中国で打ち上げることはまず不可能でしょう。

米国以外の国・企業が中国に衛星打ち上げを委託しようとする場合でも、もしその衛星に米製技術が少しでも使われている場合には、中国への衛星の輸出は自動的に禁止となります。米国特有の「再輸出規制」のためです。

となると、中国は誰を顧客にすればいいか。輸出管理が緩い、あるいは米国の輸出管理体制に従おうとしない国や、そうした国の企業ということになるわけで、ここから、中国は途上国にその「営業努力」と宇宙外交力を向けていくことになります。

米国との関係から弾き出された結果、途上国に向かうことを半ば強制されたとはいえ、それ以前から並行して努力していた途上国との宇宙「協力」は、外交上、思わぬ成果を生んでいきます。これが巨大経済圏構想「一帯一路」の宇宙版の始まりです。

第４章　「南南協力」で進む途上国支配

「打ち上げ肩代わり」をテコに

21世紀に入ると、かなりの数の途上国が自国の衛星を保有することを望むようになりました。それも通信衛星ならばできれば大型の静止衛星を、そして通信衛星だけではなく周辺国に対するスパイ衛星にもなり得る分解能の高いリモートセンシング衛星を希望するようになっていきます。地下資源の豊かな独裁国か最貧国に分類される国であるかなど置かれた条件により希望する衛星のタイプは異なりますが、中国は個々の資力（金銭でなくても地下資源採掘権や地上局の場所提供であってもかまいません）と要望に応じて衛星を中国で製造し、中国のロケットで軌道に打ち上げ軌道上で引き渡します。フィリピン（１９９７年）、ナイジェリア（２００７年。ただし完全な成功は11年）、ベネズエラ（08年）、パキスタン（11年）、ボリビア（13年）、ラオス（15年）、アルジェリア（17年）がすでに、各々の国で初めてとなる静止衛星を中国の製造、打ち上げにより獲得しました。加えて自国の地上局も、中国に建設を委ねています。

低軌道の衛星となると、かなり数が増えていきます。例えば2013年に中国が「高分」という自国のリモートセンシング衛星を高度約650キロメートルに打ち上げた際、同じロケットに相乗りの超小型衛星として、エクアドル、トルコ、アルゼンチンの衛星を同時に低軌道に打ち上げています。エクアドルにとっては初の衛星でした。この衛星は、もともとロシアのロケットで打ち上げる予定でしたが、打ち上げの遅れから、中国の長征ロケットを使うことになったものです。中国は多くのロケットを所有しているため、外国のロケットが予定通りに使えない時の肩代わりも、比較的容易にできます。

衛星の発注国には、その衛星をコントロールする地上局がつくられますが、現地のスタッフには衛星管制を行う能力が不十分な場合が多く、管理運用するのは中国が送り込んだ要員になります。発注国は、いつまで経ってもノウハウを蓄積できません。2号機以降も、同じことの繰り返しになり、結局、中国に従属することになってしまうのです。

中国は途上国での衛星打ち上げの肩代わりをきっかけに、技術面だけでなく、金融・経済面でも支配従属関係をつくっています。相手国の公共工事への優先参加権や、地下資源の採掘権の確保など、さまざまな「宇宙ビジネス」を展開しています。

途上国の不安に乗じ……

二国間の外交関係の緊密化や広い意味での自国に対する従属的パートナーを作り上げるための「宇宙外交」は何も中国の専売特許ではありません。欧米は、１９６０年代からこれを繰り広げていました。初期の例としては、たとえば、62年に米国がアルゼンチンと、68年にフランスがブラジルと衛星管制局を設置する協定を結んでいます。より外交的な例としては、80年代以前にも、米国や仏独の宇宙機関・学術機関とラテンアメリカの地域大国との間で宇宙科学協力が行われていました。90年代に入ると、協力は米国やフランスとの間の宇宙活動全体の法的権利義務を定めた枠組協定という形にまで広がります。いったん枠組協定を結んでおくと、個々の宇宙プロジェクトを行うときに一から条件を詰め直さなくてすみ、個別のプロジェクトについての取極を定めるだけですぐに活動を開始できる、という点で便利ではあるのですが、米国型枠組協定には特に途上国側からみると面倒な国内法上の宇宙機器・データ管理や、「相互放棄」という厳しい規定が求められます。相互放棄とは、相手国の政府や企業（すべての下請けやその従業員を含む）の過失により自国側が損害を被っても、相手側に損害賠償を請求しない、ということです。宇宙開発利用は危険な活動であり、事故が起きた場合の損害総額も予想しにくいので、被った損害はそれぞれの国で対応するという形がないと安心して協力プロジェクトを実施することができない、というのが「相互放棄」を置く理由です。

米国発の「相互放棄」条項は、フランスや旧ソ連・ロシアも取り入れています。科学協力のありかたとしては、真っ当でないこともないのですが、途上国側にとっては、開始前から不安になる、という部分もあるでしょう。中国も90年代前半からブラジルなどと枠組協定を結びだしますが、中国は相互放棄など要求しません。もちろん、だからといって損害が生じた際に中国がより手厚く補償をしてくれる、ということにはならないのですが、プロジェクトを始める前にいざというときのことを考えなくても済む、という安心感はあるかもしれません。この点旧ソ連・ロシアは大きな枠で考えるとヨーロッパの国であり、発想は、商売上手な中国の宇宙外交とは異なるように思われます。

そこで、中国との「協力」関係が始まったころは、協力の相手側も欧米先進国に対抗し得る新たな枠組の可能性や自国政府の利益に満足していたように見えます。うるさい条件をつけずに最もほしい静止通信衛星やリモートセンシング衛星を提供してくれる「南側」の大国が出現したからです。中国も、自身の取り組みをしばしば「南南協力」と称し、新たな国際協力タイプと讃えています。

重層的な宇宙外交

中国がうまかったのは、相手国により、宇宙外交の仕掛け方に幅があったということもあると思われます。ラテンアメリカの大国、ブラジルとの間では１９９４年に枠組協定を結び、中・ブラジル地球資源衛星（ＣＢＥＲＳ）プロジェクトを資金の７割を中国がもつという形で開始します。ＣＢＥＲＳ－１号は99年に、ＣＢＥＲＳ－２号は２００３年に中国から打ち上げられ、データ受信時間を半々に分けて運用していました。02年に締結した３号機、４号機の製造・運用協力協定では、公式には資金の負担を平等としました。10年４月の協定により、ＣＢＥＲＳデータを無償でラテンアメリカ諸国に提供できるようにし、将来はデータ提供をアフリカ諸国に拡大することにも合意しました。

南南協力拡大の手本として、中国とブラジルが協力して中南米・アフリカ諸国に貢献する、という趣旨です。データ自体を提供するという取組は、あまりうまく進まず、停止されているようですが、中国は別途、アフリカの関係国と二国間の合意を結び、地上局を提供することにより、中国の受信時間に取れるＣＢＥＲＳデータを相手国に提供するという援助を進めているようです。たとえば、中国の資源衛星応用センターと南アフリカ宇宙機関が了解覚書を締結し、中国側がCBERS－4号の地上受信局の設置と要員の訓練を請負い、15年12月には地上局が南アフリカに引き渡されています。そして、CBERS－4号のデータは、無償でアフリカ諸国に提供されているということです。ただ、地上受信局を建設して、少なくとも当座はその運用も行う中国が、その受信局を自国の利益のためにどのような使い方をしたのかは、後で見る他の事例からははなはだ怪しげな部分があります。

中国の宇宙外交は、重層的です。一見途上国に有利な条件で衛星の製造、打ち上げ、運用を行っても、それだけでは、二国間の力量差を利用した、権力的な関係づくりがすぐに露見しかねないのですが、中国には、そのような事態への長期的な予防策がありました。

予防策というのは、すでに2000年に公表された最初の中国宇宙白書でも進展状況と今後の展望を記載しているように、多国間の協力体制を作り、それを中国が議長のような立場で運営していくことです。そうすることで、支配従属関係という印象が薄まることになります。

アジア初の政府間国際宇宙組織APSCO

中国は、1980年代末から途上国との協力関係に力をそそいできました。92年、タイ、パキスタンとともに「アジア太平洋宇宙技術応用多国間協力」(AP-MCSTA)枠組を開始したことを契機に、韓国、バーレーン、イランなどで会合を重ね、2001年にはこの非公式の枠組を正式に政府間国際組織とすることが合意されます。ブラジル、ブルネイ、韓国、バーレーン、イラン、モンゴル、フィリピンなど16カ国が参加し、国連のアジア太平洋経済社会委員会(ESCAP)もオブザーバー参加していました(後にも何カ所か出てきますが、中国主導のプロジェクトでは「アジア太平洋」というときにはしばしば、ラテンアメリカやアフリカの国も含まれてしまいます)。

AP-MCSTAを発展させた形の「アジア太平洋宇宙協力機構(APSCO)」を設立するための条約は2003年に採択され、05年の署名、06年末には条約発効と順調に推移し、08年に北京を本部として活動が本格的に始まります。これはアジア初の、そして現在まで唯一の宇宙活動についての政府間国際組織です。発足メンバーは中国のほか、バングラデシュ、イラン、モンゴル、パキスタン、ペルー。その後トルコ、タイが加わりました。インドネシアは原署名国であり、また実質的には活動に関与していますが、いまだに条約を批准しておらず、正式メンバーとはなっていません。これは、同国が、宇宙活動での中国との距離の取り方に苦慮していることを示していると推測することができます。

1万7500以上の大小の島々で構成され、国土が5100キロ以上の距離にまたがるインドネシアは、衛星による通信インフラ整備のメリットが非常に大きい国であるため、1963年という早い時期に大統領直属の国家航空宇宙研究所と閣僚レベルで構成される国家航空宇宙評議会を設立し、宇宙研究・開発に取り組んできました。製造、打ち上げを米国に依頼していたとはいえ、76年、アジアで最初に静止通信衛星を獲得したのは同国です（前述のように、日本初の静止衛星獲得は77年。中国は84年です）。

インドネシアには、自前のロケットをもつ、という悲願もありました。当時世界では米ソ英日の4カ国しか保有していなかった60キロメートルより上空を航行する観測ロケット（周回軌道ではなく弾道軌道を描いて宇宙空間で科学観測を行い、地上に戻るタイプのロケット。原理はミサイルと同じ）の開発計画は1962年に遡ります。そして、64年から65年にかけて、東京大学が開発したカッパロケット（最高到達高度200キロメートルの観測ロケット）10機を輸入して、観測ロケットの打ち上げ実験を実施しています。この時、同国がミサイル技術を手に入れることを懸念したマレーシアが日本政府に抗議をしたことが、日本の「武器輸出三原則」（67年）につながっていきます。

欧州宇宙機関（ESA）との違い

その後、2015年にメキシコがオブザーバー、16年にエジプトが準加盟国に加わったアジア太平洋宇宙協力機構（APSCO）は、欧州宇宙機関（ESA）の「アジア太平洋」版を標榜して出発したとはいうものの、地理的なまとまりがある組織ではありません。ESAは、1975年に設立された、現在22カ国が加盟する政府間国際組織です。75年以前はフランスのものであった南米仏領ギアナの射場とフランスのアリアンロケットを欧州協調の礎（いしずえ）として、ESAの射場、ESAのロケットとしました。冷戦期を通じて米ソに次ぐ実力を誇ったフランスを中心に、欧州としてまとまることにより、欧州全体として、宇宙先進国であり続けようとするのがESAといえます。21世紀に入り、中国やインドといった新興勢力が宇宙大国の座を目指して追い上げてくると、欧州連合（EU）との協力体制も築いてなんとか得意分野で、欧州らしい宇宙先進国の姿を維持しようと努力しています。

生き残りのための枠組であるESAと中国が完全に主導するAPSCOは似て非なるものです。似ているところは条約に基づいて設置された政府間国際組織という一点のみで、これほど対照的なものはないといえるほど目的も手段も異なる存在といえます。

APSCOは、前身のAP-MCSTA時代から地域の小型衛星開発に携わっていますが、APSCOとして主体的に打ち上げた衛星は、いまだに1機もありません。すべては中国との二国間協力の中での衛星となります。

APSCOの実態は、ありていにいえば米国や欧州の法規制に縛られない、また縛られたくない国や、欧米の影響力を忌避する国を、中国が束ねたものとみることもできます。そのため、条約起草の段階で積極的に参加していた韓国は、03年の条約採択のときにはオブザーバーとしての出席と一歩引き、結局、条約に署名することなく現在に到っています。米国の同盟国がメンバーとなることは適切ではない組織なのです。

参加国の多くは、中国との間で宇宙技術をめぐって埋め切れない格差を抱えています。中国との「協力」とは名ばかりで、現実には支配と従属の関係に入ります。そこで、インドネシアのように最後の部分で逡巡する国が出てくるのでしょう。APSCOのメンバーは今のところ、加わることに利得があり、中国支配を受け入れてもかまわない状況にある国々にとどまっています。

双方のメリット

参加国は、中国が保有・運用する測位衛星、リモートセンシング衛星のデータ、さらには通信衛星や放送衛星の地上局が、多くの場合無償で与えられます。自力で宇宙開発ができない国にとってはもちろん、中国にとってもこれは大きな利益につながります。

まず、ひとたび無償でまたは安価に中国から衛星を打ち上げ、運用もまかせてしまうと、中国製衛星の顧客でいることが、経済的に最も合理的になります。中国は、将来に亘り、衛星製造、打ち上げビジネスを獲得したことになります。地上局の運用についても、APSCOの枠組で加盟国から留学生を北京航空航天大学に受け入れるため、加盟国が運用技術を備えた後も、長期的に中国の強い影響下に置かれることが予想されます。これだけでも、米国市場から閉め出された損失を補えるかもしれません（メンバー国以外では、今のところ、スリランカ、ラオスから留学生を受け入れています）。

中国にとってよりメリットがあるのが、メンバー国につくる地上局です。後に詳しく述べる「宇宙状況監視（SSA）」の能力をもたせた地上局は、ほどよく地球の各地に散らばっており、全体としては、中国の宇宙軍事能力におおいに資することになるのです。

ＡＰＳＣＯの現在の最重要プロジェクトともいえるのは、メンバー国に地上局を置く地上配置型宇宙物体観察システム（ＡＰＯＳＯＳ）ネットワークの形成です。２０１１年に計画がスタートし、15年にはパキスタンとペルーに、その翌年にはイランに光学望遠鏡を設置し、北京には受信データ解析センターを新たに作りました。17年からは、プロジェクトは第2段階に入り、すべてのメンバー国に、低軌道にある直径10センチメートル以上の物体を検知できる物体追跡機能付望遠鏡を設置する計画に入りました。地理的にカバーする範囲が広い点を利用して宇宙物体衝突回避やメンバー国の衛星追跡のための平和利用システムを構築する、とホームページにも書かれています。

アジア太平洋地域での自国の宇宙覇権を確立するために設置した中国主導の組織ＡＰＳＣＯですが、実は国連の一機関との強いつながりを得て、さらに装いを整え、次項で見るように、国連の特色である人類の共通利益に資する存在、という外観も身につけつつあります。

進む国連との連携

中国は宇宙に関して、早くから国連との連携を進める努力を重ねてきました。すでにアジア太平洋宇宙協力機構（ＡＰＳＣＯ）の署名式には宇宙の平和利用問題をになう国連部局「国連宇宙部」も参加しています。同機構の会議や、北京にできたアジア太平洋宇宙科学技術教育地域センター（後述）が頻繁に開く国連宇宙部との共催ワークショップなどにより、国連や各国の宇宙機関幹部と中国とのつながりが、日に日に強まっています。そして、中国は、国連のお墨付きを得た機関のホスト国の顔と中国政府としての顔を使い分けながら、アジア太平洋を越え、南米やアフリカの有力国との間でも宇宙協力を強化することに成功していきました。

国連宇宙部は、メンバー国が宇宙利用のさまざまな国際問題について、科学技術、法律の双方の側面から議論し、条約を作成する国連宇宙空間平和利用委員会（ＣＯＰＵＯＳ）の事務局でもあります。国連ウィーン事務所で開催されるＣＯＰＵＯＳは、１９５９年に常設の国連総会補助機関となり、当時は日本を含む24カ国がメンバー国でした。中国の参加は80年で、現在は95カ国がメンバーです。国連宇宙部とＣＯＰＵＯＳは、一言でいえば国連と加盟国の会議体という関係です。中国主導の国際組織ＡＰＳＣＯは、そのどちらとも密接な関係を築いています。

APSCOは、2013年以来、COPUOSのオブザーバーとなり、政府代表が集う会議場の後ろの方の席に「APSCO」という名札をつけて会合に参加し、自身の活動報告を行い、さまざまな議題で意見も述べるようになりました。

APSCOは、それ以前も積極的に宇宙エンジニアリング関係だけではなく、宇宙政策と法についてのワークショップやシンポジウムを定期的に開催してきました。さらにCOPUOSのオブザーバーとなった後は、国連との共催や協賛を得て行う国際的な会合が増えるようになったのです。

最近では、19年9月23日から26日にかけてトルコのイスタンブールで、「宇宙法と政策」をめぐる大規模な会議が開催されました。主催者はトルコ政府で、トルコを参加国に含むAPSCO、それに国連宇宙部が共催になっています。

また、APSCO自体としては、この宇宙法政策会議の前の週に、同じくイスタンブールで宇宙法政策トレーニングコースを開設しました。トレーニングコースの講師は、次の週に国連との会議に出席する宇宙法政策の研究者が中心です。こうした会議やセミナーを国連と共催し、宇宙法政策学会関係者や、より重要な人脈として宇宙機関の法務・国際部の関係者との関係を深めることにより、ＡＰＳＣＯの認知度が高まり、また人的ネットワークを広げているといえます。

北京にできた国連の若者育成プログラム

北京にはアジア太平洋宇宙協力機構（ＡＰＳＣＯ）の本部があるほか、２０１４年には北京郊外にある北京航空航天大学に、国連のセンターとしての学術拠点ができました。アジア太平洋宇宙科学技術教育地域センター（ＲＣＳＳＴＥＡＰ）と名付けられた宇宙教育・研究機関です。

国連は世界各地に類似の機関を設置しており、ほかには、インド、ヨルダン、モロッコ、ナイジェリア、メキシコとブラジルに宇宙科学技術教育地域センターがあります。

ＲＣＳＳＴＥＡＰには、中国政府やＡＰＳＣＯが提供するさまざまな奨学金があり、宇宙応用技術（測位、リモートセンシング）や宇宙法・政策で修士号や博士号を取るためのプログラムが設けられています。これらは、宇宙技術や政策のプロフェッショナルとなりたい途上国の若者にとって、非常に魅力的と言えるでしょう。

ＲＣＳＳＴＥＡＰはあくまでも国連の教育センターであり、国際組織ではない筈なのですが、ホームページには「メンバー国」を紹介するページがあり、中国、アルジェリア、ブラジル、ボリビア、パキスタン、ペルー、ベネズエラ、インドネシア、アルゼンチン、バングラデシュがメンバーであると記載されています。「アジア太平洋」と銘打っているわりには、アジアは4カ国にとどまります。メキシコや南アフリカも理事会への出席などは行っており、今後も一般的なアジア太平洋のイメージとは異なる国々の出席がありそうです。

興味深いことに、APSCOメンバー国からの留学先であり、国連のアジア太平洋宇宙科学技術教育地域センターも置かれるこの北京航空航天大学は、ミサイル部門（つまり、ロケット、宇宙関係）で日本の経済産業省が、外国為替及び外国貿易法（「外為法」）に基づく輸出管理理で、「取引懸念対象」として厳しい輸出管理の下に置く「外国ユーザーリスト」に掲載されています。日本のリストに掲載されているということは日本と同等の輸出管理を行う欧米諸国の懸念リストにも載っているはずです。よくあることですが、国連は、従来、そのような点には特に関心を払っていないようです。

国連のセンターだけではありません。国連宇宙部には、衛星データを活用し、災害時に緊急事態管理を援助することを使命とするUN-SPIDER（正式名称は「国連防災緊急対応衛星情報プラットフォーム」）という事業があります。中国がこの事業を積極的に誘致した結果、現在、オフィスが置かれているのは、国連宇宙部が本拠をもつウィーンとドイツ航空宇宙センター（ＤＬＲ）の所在地ボンを除くと、北京（２０１０年開所）のみです。

10年間で宇宙法研究者を１００倍に

中国は、10年間で宇宙法研究者を１００倍に増やし、国際宇宙法形成に影響を与える計画を立てたとされます。２０１０年ごろのことです。現在、国際宇宙法の形成には国連、特に国連宇宙空間平和利用委員会（ＣＯＰＵＯＳ）が大きな力をもっています。そこで、中国が国連との連携を深めることは、単に国連で影響力を増す、活動に国連のお墨付きと国際公共性を与えるだけではなく、ＣＯＰＵＯＳでの議論を通じて、新たな宇宙法形成に向けて、着実に地歩を獲得する努力も行っているということになります。

法は、国際法であれ国内法であれ、また、どの分野であっても変化し続けるものです。予測可能性、安定性と時代に即した適切さ、合理性を調和させながら変化し続けるのが法であるということができるかと思います。国際法の場合、新しい法は国家の合意である条約や同一の国家実行が繰り返されることによって形成される慣習法によりできあがっていきます。世界が「なるほど」と納得する主張を大きな声で唱え続け、それを国家が実行し続けたときに新しい法ができる、という側面が大きく、実行する国家の実力と国家の行動を合理化する理屈の双方が強靱であることが特に重要となります。そして、宇宙法は同じく領域を扱う国際法分野であっても、近世初期から海洋の自由や領海制度について膨大な論争と実行上の争いを繰り広げて現在に到った海洋法などと比べてまだまだ初期の形成途上にあるといえます。最初の衛星打ち上げから60年あまりしかたっていない、未成熟であって当然の分野です。そこで、中国の国益に合致した議論を展開する多くの学者を必要としているわけです。

これはもちろん違法なことではなく、倫理的に問題があることでもありません。数百年前の海洋の自由論争にしても、海洋が自由である方が自国の利益に合致する海上貿易大国、海軍大国は自由を訴え、なるべく広い沿岸漁業区域を自国の管轄下におき、外国船舶が近づくことを止めたい国の学者や外交官は、海洋の自由を制限する方向の議論を戦わせていました。どちらの声が世界に響くかは、やはり議論の合理性とそれを支える国家の実践力の総合的な規模によってきまります。

ただし、問題があるのは、中国と日本では、自由、公正、公平などについての価値観がひどく異なる点です。そこで、中国の新たな国際法形成の努力について、法とはそれぞれの側が自国に都合の良い理屈を実行を重ねて既成事実とし、さらには規範にしようとしているものだ、と傍観者や評論家のように考えるのは、日本人の立場からはまちがったフェアプレイ精神だと思います。中国は敵ではなく、共に市民が自由で豊かで平和な世界を作り上げるために協力する相手方ではありますが、日本にとっての正義と公正の実現には自身の正当な生存権の十分な確保が必要であることを一瞬たりとも忘れたくない、と思います。

第5章　ヨーロッパでも進む宇宙版「一帯一路」

「北斗」をGPSに代わる世界標準に

中国が地上と海上で「一帯一路」構想を進め、欧州大陸やインド洋深くに影響を拡大しようとしているのは、よく知られたところです。

その宇宙版は2017年頃から加速されます。それまでに30カ国、3つの国際機関と98の宇宙協力協定を結び、南アジア、アフリカ、欧州、アメリカ大陸をつなぐ通信、リモートセンシング、測位航法衛星群と地上施設の機能を統合しつつあるという実績を活かし、これを「宇宙情報コリドー（回廊）」と呼んだうえ、拡大しようとするプランがそれです。

この計画は、第13次宇宙5カ年計画（16―20年）で、重点事項になりました。

見えつつあるのは、中国製衛星を継続して提供し、衛星管制を担う地上局の建設と運用も肩代わりし、そこを拠点に宇宙状況監視（SSA）の世界的ネットワークをつくる――こうした道筋です。あわせて、全世界対応の「北斗」測位航法衛星群を、米国が運営するGPSに代わる世界標準とすることも考えていることでしょう。たとえば、チュニジアには中国・アラブ北斗センターが設置されており、19年４月開催の第２回中国・アラブ諸国北斗協力フォーラムにおいて、チュニジアを拠点にスーダン、エジプト、クウェート、アルジェリアなどのアラブ連盟諸国に対し、常に８機の北斗衛星からの精度10メートル以内の測位航法信号が提供されていると発表されています。北斗協力フォーラムは、「一帯一路」の重要会合と位置付けられています。

「対等の形」での協力

しかし、衛星・地上局の提供で相手国を実質的に支配するというやり方は、東南アジア諸国、ラテンアメリカ、アフリカなどには有効であっても、欧州に通じる方法ではありません。欧州の大企業は実用衛星製造、打ち上げサービス提供事業の市場を世界中に求めている宇宙先進国であり、むしろ中国のライバルといえる存在です。

そこで、欧州との協力は、欧州宇宙機関（ＥＳＡ）や各国の宇宙機関との対等の宇宙科学・探査協力を強化することと並行して、欧州企業の衛星から通信サービスやリモートセンシングデータを購入し、欧州のもつ地上局の使用権を中国が得る形で進んでいきます。２００３年12月に中国とＥＳＡの初めての共同開発科学衛星「エクスプローラー」１号が中国から打ち上げられたときにはニュースとして扱われましたが、18年に中仏共同開発の海洋観測衛星「ＣＦＯＳＡＴ」が中国から打ち上げられたときには、中国と欧州の協力はありふれたできごととなっていました。その打ち上げの数カ月前、マクロン大統領の訪中時には習近平主席臨席の下で、二国間の宇宙協力強化が明記された中仏共同声明が署名されています。その際、フランスの衛星通信企業ユーテルサット社が、中国政府系企業チャイナ・ユニコム社と了解覚書を結び、「一帯一路」構想の下で、ユーテルサット社が擁する多くの通信衛星を利用して全世界型通信ネットワークサービスをめざすこととなりました。

これは、２０１０年代以降の欧州主要諸国と中国の宇宙協力の一般的な形です。宇宙機関同士の科学探査プロジェクトを、首脳の公式訪問時に締結される包括的な科学技術・経済協力パートナーシップ協定の中に組み込み、同時に両国の宇宙企業間のビジネス合意も結ぶというやり方です。国としては「一帯一路」に入りにくいＧ７諸国などの企業をこのやり方で「一帯一路」に取り込んでいきました。ユーテルサット社が宇宙版「一帯一路」構想に参加するということは、フランスが国として参加するという意味ではありません。G7諸国のうち、最初に国として「一帯一路」に参加する協定を中国と結んだのは19年3月のイタリアです。そのときまでには、EUからは既に15カ国が「一帯一路」に参加していました。

中国とEUの測位航法衛星システム（「北斗」と「ガリレオ」）が周波数を共用することも、すでに15年、合意をみています。これに先立つ14年、ドイツは中国と、宇宙の平和利用8分野の協力了解覚書を締結しており、ドイツと中国の間では、有人宇宙プログラムでの協力も進んでいます。

イタリア・中国間の協力協定締結は、16年です。これに基づき、ロケット打ち上げを共同して担う合弁企業が生まれました。18年2月に、中国とイタリアが共同開発した地震電磁観測試験衛星「張衡」1号が中国領域から打ち上げられたときには、同時にデンマーク防衛省が自国企業に発注した小型北極監視衛星とスウェーデン企業の小型ハイパースペクトルリモートセンシング衛星も打ち上げられています。

欧州諸国は、2020年1月から2月にかけてのCOVID-19（新型コロナウイルス感染症）勃発時の中国の情報隠蔽体質や、同年6月30日制定の香港国家安全維持法を経験するまでは、日米豪がもつ脅威認識を中国に対してもっていなかったのだろうと思います。米ロとは別の大国との関係強化は、欧州諸国にとっては望ましい多極化世界の実現でもあり、21世紀に入り米国との同盟関係に緩みが出てきた欧州にとってはリスク分散という側面もあったのでしょう。13年3月に、英国を皮切りに仏独伊、スペイン、ポルトガル、オランダ、オーストリア、デンマーク、スウェーデン、フィンランド、ポーランドなど欧州の20カ国が雪崩を打って中国が主導するアジアインフラ投資銀行（AIIB）の創設メンバーとして参加したのは象徴的でした。そして、中国への脅威を新たに認識した後でも、新型コロナで経済がより疲弊した欧州諸国は、「新型コロナから世界で最も早く立ち直った」中国経済との協力を望み、少なくとも企業レベルでの中国との関係深化の傾向はさして変わらないのではないかと筆者は予想しています。

「ITARフリー衛星」騒ぎの顚末

先述のとおり、米国には再輸出規制という制度があります。この制度により、武器輸出管理法（AECA）とその下部規則である国際武器取引規則（ITAR）に関係するときには、たとえ1％でも米国の部品や技術が使われている場合は、輸出国から第三国への輸出は米国の許可なしには許されません。輸出管理法（EAA）に基づく汎用品目・技術であっても、米国の部品・技術が一定割合以上含まれる場合、その国から第三国に再輸出するためには米国からの許可が必要となります。オバマ政権の輸出管理改革までは、クリントン政権時に緩んだ輸出管理法の改正により、１９９９年以降衛星はすべて武器扱いに戻されていますから、欧州企業が製造する衛星も多くの場合、中国に輸出することはできないはずでした。そこで、米国技術の入らない、「ＩＴＡＲフリー衛星」作りを行う企業が出てきました。

21世紀に入り、フランスに本社を置く仏伊が主体の欧州企業タレス・アレニア・スペース社はＩＴＡＲフリー衛星を製造し、アジアやアフリカの政府や企業に８機を売却し、少なくとも５機が中国から打ち上げられたとされています。

「ＩＴＡＲフリー衛星」であれば、中国からの衛星打ち上げはＥＵの汎用製品・技術の共通輸出管理規則の問題であり、米国法の関知しないところですが、「ＩＴＡＲフリー」でない場合、フランスが米国法に違反したか否かという問題となります。

２０１０年代に近づく頃から、「ＩＴＡＲフリー衛星」が本当に「フリーな」衛星であるのかについて、次第に米国から疑問の声が高まってきました。ここには、輸出管理が強化されたため、１９９５年時点では世界の衛星輸出の75％のシェアを占めていた米国衛星が、21世紀に入り35―50%になってしまったことに対する、米企業の無念も加わっていたでしょう。2009年10月には、米議会からの突き上げを受けた国務省が再検査をすることとなりました。長丁場に亘る米欧のやり取りの後、タレス・アレニア・スペース社に部品を提供した米企業がITARに触れないという偽りの情報を提供していたことが「判明した」というフランスの見解が13年に表明され、婉曲にITAR違反があったことを認める形で収束し、欧州製の「ITARフリー衛星」は終焉を迎えました。

ここから得られた教訓は、北大西洋条約機構（NATO）諸国はじめ米国との同盟国・友好国は、研究開発のために一から開発する衛星以外の衛星は中国から打ち上げてはならないこと、そして、中国には実用衛星の管理権の一部でも渡さないことが中長期的に宇宙ビジネスを行う上で安全である、ということでした。

衛星を購入せず撮像能力をリース

米国の目をかいくぐる手法として興味深いのが、英国のリモートセンシング衛星開発製造企業が中国とのビジネスにおいてとったものです。

英国が世界に誇るサリー・サテライト・テクノロジー・リミテッド（SSTL）社は、

分解能1メートルを超えるものを含む高性能の小型リモートセンシング衛星の開発製造と創意工夫に富んだビジネス展開で有名です。同社は現在、欧州の大手航空宇宙企業、エアバス防衛宇宙社の一部となってはいますが、かなりの独立性をもって活動し、最近はスペースデブリ除去実証実験を終えて、ビジネスに進めようとしているところです。

ＳＳＴＬ社の事業の一部に災害監視衛星群（Disaster Monitoring Constellation：ＤＭＣ）衛星の開発製造があります。ＳＳＴＬ社の完全子会社 DMC International Imaging, Ltd.（ＤＭＣｉｉ）が共通衛星バス（衛星の本体）を用いた同型のＤＭＣ衛星を２００２年以降、アルジェリア、中国、英国、ナイジェリア、スペイン、トルコなどの政府に売却し、これらの政府は衛星データを自国の地図作成、都市計画や資源開発に役立てるだけでなく、互いにデータを提供・補完しあって自国と世界の災害監視に当たる、という協力プロジェクトを行いました。ＤＭＣｉｉ社はそのようなデータ相互補完の管理運用と調整を助けてきました。このビジネスで、ＤＭＣｉｉ社と契約を結び中国政府に画像を提供する業務を担当していたのが、中国初のリモートセンシング衛星画像提供業を営む21ＡＴ社でした。

同一の衛星を群（コンステレーション）で用いる場合、そのうちの1機の衛星をもてば、数機分のデータを利用できるというメリットがあることから、その後スペインのデイモス社やイスラエルのイメージサット社など他の小型衛星運用事業者もＤＭＣｉｉ社が用いた手法を活用しつつあります。このように確かな技術をもち、新たな発想で大胆なビジネスに取り組むところがＳＳＴＬ／ＤＭＣｉｉ社の真骨頂です。ＤＭＣｉｉ社は、「災害チャーター」という世界の宇宙機関が任意で参加する災害データ提供の枠組にも準メンバーのような形で参加しています。

ＳＳＴＬ社が製造し、ＤＭＣｉｉ社が運用するＤＭＣ－３シリーズの新たな衛星３機（分解能は白黒1メートル、多色3メートル）について、中国の21ＡＴ社は、ＤＭＣ－３シリーズ３機が受信できるデータの容量（撮像能力）を１００％リースする契約を締結しました。２０１１年のことです。これは、英国を訪れた中国の温家宝首相が、英国のデイビッド・キャメロン首相と取り交わした14億ポンドの二国間貿易合意の一部として実現しました。３機の衛星製造・運用・保険手配の契約は1億１０００万ポンドと報道されています。政権トップの訪問時に締結する二国間協力や貿易協定の一部に宇宙プロジェクトを組み込んでいるという点で、前述のフランスの場合とよく似たやりかたです。13年にキャメロン首相が北京を公式訪問した際に、温家宝首相との間に結んだ貿易投資協定は、総額56億ポンドにまで拡大しました。このとき、ＳＳＴＬ社は航天恒星科技有限公司（Space Star Technology Company）との間で新たな衛星コンステレーション製造契約を1億ポンドで締結しています。同じくＤＭＣｉｉ社が運用し、撮像能力をリースする方式を取ります。

21ＡＴ社は、なぜ衛星3機を購入して中国で打ち上げるという方法ではなく、衛星3機が地上で受信するすべてのデータを排他的に取得するリース契約を結ぶという、中国の自由度を下げるような方法を選んだのでしょうか。21ＡＴ社は、公式には、衛星運用の煩わしさを回避し、好きなだけ好きな場所のデータを取得することができるからであると述べています。しかし、実態は、米国との関係から考えるのが妥当ではないかと思います。仮にＤＭＣ－3衛星に米国の部品や技術が少しでも含まれているのであれば、「英国の衛星」とはいえ米国から英国に技術輸出が行われていることになるので、それを中国に売却する場合は、再び米国からの許可（再輸出許可）が必要です。そこで、米国の輸出管理法の適用を受けないためには、リースという形をとり、軌道上の衛星は英国企業が所有・運用し続ける必要があったのではないでしょうか。ＳＳＴＬ社のオリジナリティーと衛星製造能力を考慮に入れても、国際武器取引規則（ＩＴＡＲ）規制にかかるという可能性は高いでしょう。2011年にSSTL社と21AT社の契約が成立した際、BBCニュースは、両国政府はいかなる技術移転規則の違反もないことを確認してからSSTL社と21AT社の契約を許可した、と報道しています。

中国からの打ち上げのために衛星を中国に送ることも輸出であり、前述のとおり米国は中国を武器禁輸国である「グループD5国」に指定していますから、DMC-3タイプ3機が「ITARフリー」衛星でない場合、衛星＝武器の再輸出許可は付与されません。そのためか、SSTL社は、中国からではなくインドから衛星3機を打ち上げています。インドからの打ち上げでも、ITAR規制がかかっていれば再輸出許可は取らなければなりませんが、インドの場合は最終利用者が英国のSSTL／DMCii社であれば米国からの許可はおりるはずです。

タレス・アレニア・スペース社の「ITARフリー衛星」の例を考えると、ITARフリーであるのかどうかの判定は困難そうです。であるならば、衛星は中国から打ち上げない、中国政府や企業には売らない、しかしデータ取得の権利を100％リースしてしまえばよい、ということになっても不思議ではないと思えます。

「サイバー攻撃」の舞台となったノルウェーの地上局

英ＳＳＴＬ社と中国21ＡＴ社に関連する話をもう少し続けます。

ＳＳＴＬ社は、中国の21ＡＴ社が画像を迅速に獲得できるよう、ＤＭＣ－３シリーズ3機のデータを効率的に地上で受けて送信する目的で、英国領域内だけでなく、外国にも地上局が必要となったとして、遅くとも２０１５年には、宇宙業界で実績と信用のあるノルウェーのスヴァールバル諸島にあるコングスベルク衛星サービス（ＫＳＡＴ）社の地上局からＤＭＣ－３についてリービス提供を受ける契約を結びます。ＤＭＣ－３は大体90分で地球を一周する、高度約６５０キロメートル（地球近地点）と６７０キロメートル（地球遠地点）の太陽同期軌道を航行する衛星です。高度６００キロメートルから９００キロメートルあたりに配置された同タイプの軌道にある衛星にとって、北極近くに地上局を置くと、最も頻繁にデータを地上局で受けることができるため、ＤＭＣ－３にとって、理想的な地上局といえます。ＳＳＴＬ社は、他の企業向け衛星の地上局として、これ以前にもＫＳＡＴ社との契約を結んでいます。このような契約の内容や時期については、企業発表を中心とした断片的な情報しか入りませんが、２０１０年以前からの契約関係はあったようです。

ところで、かつて07年と08年、米国のリモートセンシング衛星2機がそれぞれ別の日時にKSAT社の地上局とつながったとき、同社の回線経由で、サイバー攻撃を受けたと米議会調査で報告されています。米国の衛星とは、ひとつは米国家海洋大気庁（NOAA）と米地質調査所（USGS）が共同管理する「ランドサット」7号でした。もうひとつは、NASAの「テラ」AM－1号という衛星です。これらの衛星は、ソフトウエアを更新するため、定期的にノルウェーにあるKSAT社の地上局の公衆回線と接続されていました。米議会の調査によると、この時に、公衆回線を経由して、軌道上の衛星に対しサイバー攻撃が行われた可能性が濃厚だということです。ランドサット7号もテラAM－1号も、長い時には12分以上、地上からの制御ができなくなりました。

衛星に搭載した「TT&C（Telemetry, Tracking and Command）」という、人工衛星を地上から監視、追跡、指令する機能の制御が、何者かによって奪われたとされており、調査報告書は中国政府が関与したと強く推定しています。TT&Cは、衛星バス自体が定まった軌道を安定した姿勢で航行するための機器で、通信、リモートセンシング、測位航法などのミッションとは無関係にすべての衛星が備えているものです。したがってこのTT&Cの制御を奪って衛星の軌道を変更させ、他の衛星との衝突までも導きかねない場所に誘導するということはすでに対衛星攻撃（ＡＳＡＴ）ともいえます。

21ＡＴ社とＳＳＴＬ／ＤＭＣｉｉ社の7年契約により、中国本土上空を衛星が通過するときには、１００％のデータ取得の権利（撮像権）をもつ21ＡＴ社が直接にコマンドを打って画像を入手します。中国領域外に衛星があるときにはＤＭＣｉｉ社がデータ取得に関与し、何らかのやりかたで21ＡＴ社に渡すようですが、その態様については、詳細は明かせないとＤＭＣｉｉ社は公開資料で述べています。かつてマルウェアが送られた可能性がある場所の地上局使用権を、ＤＭＣｉｉ社を通じて21ＡＴ社が入手したことになりますから、米国は目を光らせているかもしれません。中国との宇宙協力を進める欧州各国が、セキュリティ対策における「弱い環」とならないか、危惧されるところです。

契約を切ったスウェーデン宇宙公社

そんななか、２０２０年9月、スウェーデン宇宙公社が中国に対し、同公社がスウェーデンに加えて、オーストラリアの南西部ヤタラガとチリに保有する衛星地上局の使用を認める契約を延長しないと通告しました。公表された理由は、「地政学的な情勢の変化」です。

契約の期限や、中国のもつどの衛星の受信局として用いられていたかなどの情報は公開することはできないとのことですが、遅くとも2011年には利用が始まっていたこと、通常は地上局利用の契約は10年であること、スウェーデンのエスレンジにある地上施設をどうやら中国が軍事目的に用いていたことが発覚したこと、などが断片的に伝わっています。しかも、エスレンジで中国が使用していた地上局の隣の地上局がNASAも含む米国機関が利用する局であったということですから、米国からの強い働きかけもあったのだろうと推定されます。中国外務省は、軍事利用を否定し、契約継続を望みスウェーデンの再考を促しているということです。

中国は、オーストラリアの地上局が使えなくなることに備え、キリバスに代わりの地上局を作ったとされます。スウェーデン宇宙公社のもつチリの地上局が使えなくなった場合には、中国がチリ国内に代替地を見出して地上局を設置することは可能なようにも思えます。

ノルウェー、スヴァールバルの地上局の利用は今後、どういうことになるのでしょうか。地上局が増えるほど測位航法衛星データの精度が向上するだけに、北斗コンステレーションを、ＧＰＳに代わる測位航法ネットワークの世界標準とする戦いの中で不可欠な「港」としての地上局をどのように形成していくのか、日本の安全保障問題にも直結する問題として注目されるところです。

第2部　「超大国」の主戦場としての宇宙

第1章　宇宙開発黎明期：IGYを舞台にした米ソ対決

「核兵器の運搬手段」から転用したロケット開発

第1部では中国の躍進を通じて現在の宇宙について述べましたが、第2部ではこれまでの宇宙開発の歴史、そして最先端を行く米国の現状についてみていきます。

世界初の人工衛星スプートニクの打ち上げは、1957年10月4日に成功しますが、宇宙開発自体は、米国、ソ連ともに第2次大戦終結直後から開始されました。ただし、両国とも、最初期の宇宙開発は、衛星とその打ち上げ機としてのロケットの開発をめざす独立した「宇宙」計画というものではありませんでした。むしろ、核兵器の運搬手段としてのミサイル開発と渾然一体となった形で、将来、宇宙活動とよばれるようになる活動に向けた試行錯誤が続けられていた、という方が正確でしょう。第2次大戦中にドイツが使用したV－2ミサイルに倣った大陸間弾道ミサイル（ICBM）の構築に向けて、ソ連も戦後すぐに開発に着手していました。

衛星を打ち上げるためのロケットの原理は弾道ミサイルと同じですが、飛行経路が異なります。ロケットは放物線を描くのではなく、ミッションごとに選択された一定の高度に到達した後、加速して局所水平の平坦な軌跡をとり、所要の速度（高度1000キロメートル程度までならば秒速約7・5キロメートル前後）以上が与えられて、搭載した衛星を所定の地球周回軌道に投入します。また、ロケットの搭載物は弾頭ではなく衛星であるため、打ち上げ機と搭載物の接合部分の仕組みについての若干の変更も必要となります。大きな相違ではありませんが、当時は米ソともＩＣＢＭを開発中という時代ですから、両国の政権中枢や軍部は相手国に先を越されないように、衛星用にロケットへの転換作業も考慮するという「余計な作業」はなるべく排除したい、という意向をもっていました。

フランスや英国もずっと小規模になりますが、Ｖ－2ミサイルをもとに大気圏上層部の観測ロケットを作り上げることや核とミサイルを備えることに努力を傾けていました。中国は1955年に核兵器とミサイルの保有を決意します。その後、57年の世界初の人工衛星打ち上げ成功に刺激され、超大国が備えるべきものとして、衛星の研究開発を58年に正式に開始します。英国（52年）、フランス（60年）、中国（64年）はそれぞれ核実験を成功させ、核弾頭の保有と弾道ミサイルシステムの獲得を果たしました。そして、これらの国すべてで、ロケットはミサイルの転用として生まれました。宇宙開発は歴史的事実として、核兵器開発、ミサイル戦力の構築とわかちがたく結びついていたのです。

例外は日本だけです。史上、日本だけが科学目的で、国産ロケットを開発し、国産技術のみで科学衛星を開発しました。純粋な科学技術の成果としての宇宙開発を実現したのは日本だけであること。このことをわたしたちはもっと誇ってもよいと思います。

科学者のオリンピック「IGY」

国際地球観測年（IGY）とは、国際学術連合会議（ICSU。2018年に国際学術会議［ISC］と改称）が世界中の科学者の参加を得て、地球物理学に関する観測調査を大規模に行う18カ月の期間のことを指します。第2次大戦以前は「国際極年」という名称で、1882―83年と、1932―33年にかけて、2回開催され、19世紀から続く科学者のオリンピックといってもよい重要な催しでした。

第2次大戦後初のIGY（1957―58年）では、オーロラ、宇宙線、地磁気、重力、経度緯度の精確な測定、気象学、海洋学、地震学、太陽活動などの観測調査を約65カ国からの約3万人の科学者が協力して行うことが計画されていました。53年にスターリンが死去し、冷戦下で初めて東西の科学者が研究協力の機会をもつことが可能な催しという側面もあり、ＩＧＹには科学界を超え、国際政治、外交上の大きな期待と注目も集まっていました。

米国としては、是非とも卓越した科学技術力と自由主義体制の優位を示したいところです。そこで、米国科学界の重鎮はＩＧＹの開催準備委員会に積極的に関わり、１９５４年に地球観測のための衛星打ち上げをＩＧＹの公式プロジェクトに含ませることに成功します。その後、55年3月には、米国立科学財団（ＮＳＦ）を通して、米国はＩＧＹの期間中に衛星を打ち上げる能力を有するという報告書をアイゼンハワー大統領に送付します。国家安全保障会議（ＮＳＣ）がこの問題を討議した結果、5月26日に、米国として正式にＩＧＹの衛星打ち上げプロジェクトに参加することが承認されました。

アイゼンハワー政権は、初めての衛星は国際科学協力のイメージもある科学衛星でなければならないと考えていましたので、ＩＧＹは理想的な機会のようにも思えたはずです。ただし、米国のＩＧＹ参加には、産官学が関与する隠れた目的もありました。

「領空」と「宇宙空間」の境界線

1952年6月15日に空軍参謀長に提出された「米空軍の諜報・監視の問題点」と題された航空宇宙専門家の報告書（ビーコンヒル報告書）では、米国の軍事衛星が打ち上げられた場合にソ連上空に当たる宇宙空間を航行する時間帯がソ連の主権侵害と解される可能性がある、と指摘されています。そこで、勝手に衛星打ち上げ実験などを行って国際問題を起こさないように、空軍は軍事衛星を打ち上げるためには大統領からの許可を取る必要があると勧告していました。

これは領空と宇宙空間の境が不明確なことから来る懸念です。領空はその下にある国の「完全かつ排他的な主権」が及ぶ場所である、という国際法規則は第1次大戦以降確立していますし、世界のほとんどの国が当事国である国際民間航空条約（シカゴ条約、1944年採択）の第1条にも規定され、疑いの余地はありません。しかし、領空の上限について規定する条約はなく、慣習法としての国際合意もありませんでした。

そもそも衛星自体が存在しない時代、宇宙空間がどこから始まり、宇宙空間にはどのような法が適用されるかまったく未知数でした。「宇宙空間」は「領空」ではない、したがって主権は及ばず活動は自由である、というような国際法は当時存在していませんでした。そこで、大統領の周辺は、初めての衛星は科学衛星でなければならない、という決意を固めました。宇宙活動は人類全体の利益に適う活動であり、衛星の地球軌道周回は、「宇宙空間の探査及び利用の自由」（後に宇宙条約［１９６７年］で使われるフレーズ）に含まれるという認識が国際社会で共有されるようにならなければならない、軍事衛星の打ち上げが先になってしまい、ソ連から主権侵害で非難されるような隙をつくってはならない、と考えたためです。そして、宇宙空間の利用の自由が世界の認識として確保された後に、軍事衛星を打ち上げる、という計画が米政権中枢内で共有されていました。

陸・海・空軍の権限争い

一方、米国内では宇宙開発は開始と同時に陸軍と海軍の主導権争いにより力が分散されるという問題に直面しました。陸軍内に１９４１年に設置され、47年に新たな軍種「空軍」が新編されるまで存在した陸軍航空軍（Army Air Force）上層部は45年、長距離弾道ミサイル、ロケット、衛星の開発がすでに可能であるという報告書を作成し、いちはやくミサイル開発に乗り出すことを勧告しました。同時に、長期的には、宇宙空間で敵国の弾道ミサイルを迎撃する現在のミサイル防衛につながる作戦を考慮すべきであるとも提案していました。

同年10月、海軍研究所（Naval Research Laboratory：ＮＲＬ）も衛星開発が可能であるという報告書を提出します。翌年5月には、陸軍航空軍の戦略研究所であるランド・コーポレーション（一般には「ランド研究所」として知られる）が、51年までに５００ポンド（約２２７キログラム）の衛星を３００マイル（約４８０キロメートル）の軌道に打ち上げることが可能であると評価する「実験用地球周回宇宙船予備設計」を作成しました。報告書タイトルにある「宇宙船」（spaceship）とは、「衛星」のことです。

しかし、最初期の宇宙開発計画、特に衛星開発計画は、十分にその可能性を顧みられることはありませんでした。陸・海・空軍がそれぞれ主導権を取ろうとして協力体制が築けなかったこと、戦後の軍事費削減により、新たな兵器について十分な研究開発ができなかったこと、それに関連して、軍部が過去の戦略思考にとらわれてしまい、宇宙の可能性を認識しつつも思い切った投資ができなかったこと、政治家が宇宙の軍事利用に無関心であったこと、などがその理由とされます。

選ばれたのは海軍の衛星

１９５４年になると、ようやく米空軍が軍事衛星についての主導権を取ることが確認され、最初の軍事衛星プログラム「フィードバック」をまかされることになりました。とはいえ、この時期には引き続き陸軍、海軍もそれぞれの衛星研究・開発計画を行っていましたし、特に海軍研究所（ＮＲＬ）は、直接的な軍事色の薄い、宇宙物理研究のための多様な観測センサーを備えた研究衛星開発「プロジェクト・ヴァンガード」にも従事していました。急がば回れで、宇宙空間の特色を把握することが将来良質の監視・検知センサーを作り上げるために必要だったからです。科学衛星としても十分優れていたことが功を奏したのでしょう。55年7月29日、アイゼンハワー政権の報道官が、国際地球観測年（ＩＧＹ）の機会を利用し、米国の貢献として小型衛星を打ち上げると宣言しますが、約1カ月半後、正式にＩＧＹ用の衛星として選定されたのは、陸軍や空軍のものではなく海軍のヴァンガード衛星でした。

陸・海・空の中でどの計画をＩＧＹ参加用に選定するかの審査の中で、空軍プロジェクトは、軍事衛星であることと、衛星開発の完成を急ぐとミサイル開発が遅れる危険があるという理由から排除されました。陸・海の能力の比較と選定は難しいものでした。

第2次大戦中にドイツでV－2ロケットを開発したフォン・ブラウン博士のチームを擁する陸軍はすでにレッドストーン・ミサイルを保有していましたから、打ち上げ用ロケットは存在していたのですが、衛星自体のセンサーが観測機器としてはお粗末であり、IGYに参加するには見栄えがしない、という評価を受けてしまいます。対して海軍は、科学観測のための優れた衛星を開発していましたが、打ち上げ機は、「バイキングロケット」という観測ロケットを基に開発予定という段階でした。事実上ほぼゼロからの開発といえます。しかし、すでにあるミサイルの転換ではなく、完全な民生ロケットとして出発する打ち上げ機の方が国際科学協力のイメージとして望ましいという政権の意向もあり、結局、1955年9月9日、僅差で海軍のヴァンガード衛星プロジェクトが選定されました。

コロリョフ博士

1955年7月29日の米国の国際地球観測年（IGY）の枠組での衛星打ち上げ宣言に続いて、同年8月2日、ソ連科学アカデミー議長も、時期は明言しないものの、IGY期間中であることを示唆しつつ、「近い将来」衛星を軌道に配置する、と述べました。

間です。

「超大国」とよばれ別格の扱いを受けていた米ソの衛星打ち上げ競争が明確になった瞬間です。

１９３０年代からソ連の科学者仲間と同好会的にロケット研究を行っていたセルゲイ・コロリョフ博士は、40年代からはミサイル開発に従事していました。54年5月20日、ソ連政府は正式にコロリョフ博士にソ連初の大陸間弾道ミサイル（ＩＣＢＭ）であるＲ－７を開発するように命じます。コロリョフ博士は、当然指示には従いますが、同時に、5月26日、Ｒ－７ミサイルには衛星を搭載して打ち上げることもできるとし、米国よりも先に衛星を打ち上げる計画を提案します。その提案は採用されませんでした。しかし、翌年7月29日の米国の衛星打ち上げ計画発表を受けて、ソ連科学アカデミーは即座にコロリョフ案の支援に回り、Ｒ－７ミサイルに約１５０キログラムの衛星を搭載してＩＧＹ期間中に打ち上げる計画が開始されました。当時、フルシチョフ第一書記は、衛星打ち上げ計画によりソ連のミサイルＲ－７をＩＣＢＭとして完成させる計画が遅れることを恐れていたと記録されています。

ソ連の衛星計画は順風満帆ではありませんでした。それでもロケットとして使用することとなるＩＣＢＭ、Ｒ－７の打ち上げは、57年8月21日にようやく成功します。その情報を得た米国の中央情報局（CIA）は、一説によるとソ連が本当に先にICBMを完成させたとは信じていなかったということです。

米国を襲った「スプートニク・ショック」

一方、米海軍のプロジェクト・ヴァンガードの方は、計画開始から2年たった1957年夏頃もまだロケット開発に苦慮し、当初予算の2000万ドルを5倍以上超過してしまい、アイゼンハワー政権の怒りと焦燥を買う事態となっていました。

その後の展開はよく知られていることです。第1部第1章でも触れましたが、同年10月4日、ソ連がICBMを転用したR－7ロケットによって、世界初の衛星、スプートニク1号の打ち上げに成功します。スプートニク1号は低軌道で楕円軌道（地球近地点250キロメートル、地球遠地点950キロ）を描く85キログラム程度の小型衛星として打ち上げられ、2カ月足らずで電離層の観測を行った後、大気圏内に再突入して燃え尽きました。スプートニク1号の衛星としての科学的成果は当時も今もほとんど注目されてはいません。

しかし、そのロケット部分、アメリカ全土を射程におさめる弾道ミサイルの存在がアメリカ中に「スプートニク・ショック」を巻き起こします。既に核兵器を保有していたソ連がこのようなミサイルに核兵器を搭載して発射をすれば約30分後には米国の首都や大都市が壊滅状態になる、という恐怖です。ソ連から米国に向かうＩＣＢＭは最高高度が１０００―１５００キロメートル。「宇宙空間」といわざるを得ない区域を通過しますから、ミサイルによる核攻撃は、見方によっては、宇宙兵器による攻撃、ということになります。自国が宇宙兵器により脅かされる、というのは米国人には耐えがたいことです。当時の状況を、１９５７年から59年にかけて大統領の科学技術特別補佐官であったジェームズ・キリアン博士は、夜にして米国民の政権や軍隊に対する信頼、世界における米国のリーダーシップや米国の科学技術、教育に対する信頼が消し飛んでしまった、と回想しています。

地味だが着実な成果を上げた米国

アイゼンハワー大統領は、１９５７年の1月以降、国家安全保障会議（ＮＳＣ）においてソ連が衛星を打ち上げる可能性についてはすでに数回ブリーフィングを受けていました。また、ソ連の核戦力がまったく米国に比肩し得るものではないことも確認ずみでした。そのため、大統領は衛星打ち上げ競争の敗北に落胆こそしましたが、国家安全保障の観点からは大きな衝撃を受けてはいませんでした。誤算だったのは、政権運営を揺るがしかねない自国民のパニックに近い動揺です。「スプートニク・ショック」への対応に、その後、アイゼンハワー政権は苦慮し続けます。

11月3日、ソ連は再び衛星打ち上げに成功します。スプートニク2号は500キログラムを超える大型の衛星であり、内部にライカという名前の犬を搭載していました。衛星はR－7ロケットとの分離に失敗しロケット上段とともに地球を周回したため、一週間後には通信も途絶え、約半年後、大気圏内に再突入して燃え尽きています。ライカがいつ死んだのかは不明ですが、もともと帰還の可能性はない出発でした。すでに有人飛行を目指していたために犬を宇宙に連れ出して実験したのです。

米国内の動揺はいっそう高まりますが、とはいえ、悪いことばかりでもありませんでした。先にソ連が衛星打ち上げを成功させてくれたおかげで、米国衛星のソ連上空通過についても否定的な態度をとりにくくなったであろうこと、宇宙空間の利用の自由に向けての国際法規則形成に向けて一歩進めることができたことは政権にとって好都合でした。

１９５７年11月８日、国防総省は、海軍ヴァンガード衛星のバックアップとして陸軍の衛星計画を承認します。12月６日のヴァンガードロケットの打ち上げは失敗しますが、翌年１月31日、陸軍のレッドストーン・ミサイルにより、ようやく米国初の衛星、エクスプローラー１号（わずか14キログラムの小型衛星）の打ち上げに成功しました。このとき搭載した放射線測定機器により、赤道上空を中心に地球を取り巻く放射線の強い二重のドーナツ状の領域（発見者にちなみ「ヴァン・アレン帯」と呼称されます）が発見されたことはＩＧＹでの大きな科学的研究成果の１つとなりました。

ヴァンガードロケットは、58年２月に２回目の失敗を経験した後、３月17日にようやく打ち上げに成功しました。この衛星はわずか１・５キログラムと超小型ではありますが、世界で初めて太陽電池を搭載したため運用寿命は最初の３機と比べて格段に長く、64年まで通信機能を維持しました。すでにスペースデブリになっているとはいえ、２０２０年12月現在も地球を周回し続ける宇宙で最も古い人工物体となっています。

ＩＧＹの終了後ではありますが、ヴァンガード衛星２号機、３号機は次第に重量も増し、その後の気象衛星の原型となるなど科学応用衛星としての可能性を示すものとなりつつありました。科学成果においては米国が勝ったと言ってよいでしょう。衛星の寿命の長さの違いは、その後、両国の軍事衛星の寿命においてもみられ、そのため、ソ連が打ち上げた衛星の数が米国よりも相当多い、という状況が冷戦期を通じて続きます。

第2章　米ソの作り上げた宇宙秩序

宇宙条約が定めた「探査及び利用の自由」

１９５７年、スプートニク1号の打ち上げから約1カ月後、「宇宙空間への物体の打ち上げはもっぱら平和的かつ科学的目的のものでなければならない」と謳う国連総会決議が採択されました。総会決議は勧告的なもので、条約と異なり法的拘束力はありません。全文を読むと、宇宙の平和利用を規定しているものではなく、核軍縮のための勧告であることがわかります。宇宙空間を通過する核搭載型大陸間弾道ミサイル（ＩＣＢＭ）が打ち上げられることがないように、ミサイルやロケットに載せる「物体」が平和的・科学的目的であることを規定する核兵器削減条約を交渉しよう、そして、それを確認するための査察制度を作ろう、と呼びかける総会決議です。50年代は、まだ国連軍縮の場では、ミサイル、ロケット、その搭載物（兵器や衛星）の区別は特に意識されていなかったのです。当時、国連での核軍縮の議論において、ソ連は、米国が海外にもつ基地を撤廃しない限りいかなる核軍縮案にも応じることはできないと主張しており、核・

ミサイルの軍縮、そしてそれと大きく関連する宇宙の平和利用の議論は不可能な状態でした。

しかし、米ソともに、宇宙開発は核軍縮・軍備管理に限定されない豊かな可能性をもつこと、そして、秩序形成が必要であることは了解しており、1959年に国連総会に常設の補助機関としての宇宙空間平和利用委員会（COPUOS）を設置することに向けて協力を続けました。COPUOSを経て63年の国連総会で採択された総会決議1962号と、同じ63年に国連の軍縮を扱う第一委員会を経て、やはり国連総会で採択された総会決議1884号という2つの総会決議を合体させ、それをほぼそのまま再録したのが67年の「宇宙条約」です。国連ではこれまで5つの宇宙関係条約を採択していますが、その中でも圧倒的に重要な宇宙活動の基本原則を規定した条約です。つまり宇宙活動の原則は、1963年というごく初期に形成されたのです。

宇宙条約には、アイゼンハワー大統領の狙い通りに、宇宙空間の探査と利用の自由が第1条に規定されています。そして、どのように探査や開発を進めてもそれを理由に宇宙空間や天体を領有することはできないことが明記されています（第2条）。米ソの阿吽の呼吸で、ともに軍事衛星を自由に運用するための宇宙利用の自由の原則が法典化されたといえます。

２０２０年現在ＣＯＰＵＯＳで問題となっているのは、「宇宙の探査・利用の自由」に、天体の資源を採取・採鉱し、宇宙で特定ミッションのために使用するだけではなく、資源の売買取引をするなど自由に処分することが含まれるのかどうかということです。天体の土地を所有することは国家も私人も禁止されています。しかし、天体の資源の所有については宇宙条約には何ら規定はありません。近い将来の活動として有力な候補である、月の水資源（氷として存在）や地下に賦存する天然資源などをどのように使用し得るのか、が議論されているところです。60年前であれば、米ソで国際法規則を作り上げることは可能であったでしょう。現在、そのようなことはあり得ません。では米中、または米中ロが合意をすれば可能か。それもあり得ません。宇宙活動を行う国は増え、当時よりもはるかに民主的な合意形成が必要とされるようになっているからです。

何が禁止されたのか

宇宙の秩序形成にとって、どこまでの軍備管理を認めるのかという決断は重要です。米ソが合意できる範囲として、宇宙空間（真空部分）については、核兵器を含む大量破壊兵器を地球周回軌道に乗せること、その他いかなる方法であれ、大量破壊兵器を宇宙空間に配置することだけが禁止されることになりました（4条1項）。地球周回軌道には乗らないICBMのような弾道ミサイルは、宇宙条約では禁止されていません。また、大量破壊兵器以外のすべての兵器を意味する「通常兵器」を搭載した衛星を地球周回軌道に乗せることも禁止されていません。

一方、天体上は軍事基地・施設などの設置禁止、あらゆる軍事実験禁止、軍事演習禁止、が明記され（4条2項）、南極大陸で達成されているのと同等の非軍事化が実現したといわれます。天体は軍事的有用性が低い場所であるからこそ、宇宙空間とは比べものにならない厳しい規定を置くことができたといえるでしょう。

より厳しいABM条約

一方、米ソ（ロ）は、約30年間、宇宙条約よりも厳しい宇宙空間の軍備管理を二国間条約で定めていたこともあります。

自国を攻撃する弾道ミサイルを大気圏内や宇宙で捕捉し撃ち落とすためのミサイルを「迎撃ミサイル」または「対弾道ミサイル」（Anti-Ballistic Missile：ABM）といいま

すが、１９７２年に米ソは保有してよい迎撃ミサイルの数とミサイルの配置場所を制限するための条約を締結しました。一般に「ＡＢＭ条約」という名称で知られるこの条約では、宇宙配備型の迎撃ミサイルが禁止されています（５条１項）。相手を攻撃するミサイルではなく防御するミサイルを自由にもつことがなぜいけないのか、というのは若干わかりにくいところもあります。

１９７２年当時すでに米国が約２万７０００発、ソ連は、約１万５０００発の核弾頭とそれぞれ地上発射ミサイル（ＩＣＢＭ）、潜水艦発射ミサイル（ＳＬＢＭ）、爆撃機という３種の運搬手段を保有していました。運搬手段の中心はＩＣＢＭです（現在の核弾頭数はロシアが約４３００発、米国が約３８００発）。相手が攻撃してきても自国の迎撃ミサイルで必ず攻撃を防ぐことができるという状態になると、先制攻撃をかけやすくなります。逆に攻撃したらやりかえされると思うと攻撃を思いとどまる。さらに相手が多数の迎撃ミサイルを配備している場合、防御の壁をつきやぶって相手国領域を攻撃できるようにさらに多くの攻撃ミサイルを製造しようと考えるようになる。だから、お互いに相手の先制攻撃に対して反撃できるような状態を維持し、手をだせば双方破滅だという恐怖の均衡の下で平和を享受するのが最上の方策だ、というのが米ソの核戦力競争の中で編み出され、今日まで基本的には維持されている「相互確証破壊（ＭＡＤ）」という理屈です。この世界観を守るためには、一方が圧倒的に優勢なミサイル防衛能力をもつことは防がなくてはなりません。それがＡＢＭ条約の趣旨です。

ＡＢＭ条約では、すべての迎撃ミサイルを禁止するのではなく、地上での配置場所を決めた上で、一定数までの迎撃ミサイルは互いに保有することができます。地上であっても車両に乗せた移動型迎撃ミサイルは隠しやすいため禁止。宇宙空間には、迎撃ミサイルだけではなく、ミサイル攻撃用のいかなる兵器を配備することも禁止です。そして、宇宙配備型ミサイル防衛兵器は仮にいかに進んだレーザー兵器であろうと「通常兵器」です。宇宙条約では禁止されていない通常兵器も禁止した、という点で、ＡＢＭ条約は宇宙条約よりも厳しい軍備管理を規定した条約ということになります。

ＳＤＩとは何だったのか

相互確証破壊（ＭＡＤ）の哲学を嫌い、大規模な宇宙配備型ミサイル防衛網を構築しようとしたのがレーガン大統領です。１９８３年3月に発表され、スター・ウォーズ計画と通称された戦略防衛構想（Strategic Defense Initiative：ＳＤＩ）とは、要約すると、宇宙空間に迎撃ミサイルを大規模、重層的に配備するというものです。ＳＤＩの完成のためには、敵国ミサイルの発射を探知し、追尾する兵器システムを宇宙空間に配備する必要もあり、これが迎撃ミサイルと一体である以上、研究開発開始当時からＡＢＭ条約との整合性が問題となりました。

米国がわざとＳＤＩを仕掛けてソ連を宇宙軍拡に引きずり込み、ソ連の経済力ではそれに耐えきれなくなり、冷戦が終結した、と言われることがあります。それは果たして正しいのでしょうか。結果として、１つの、そして決して過小評価はできない要因ではあったでしょうが、冷静な計算や戦略で米国がソ連を軍拡に引きずり込んだ、というのとは異なるだろうと思います。ＳＤＩ自体が果たした役割は、多分に偶然の要素もありました。ＳＤＩは、ＭＡＤに到る米国の核戦略を考え出した「ベスト・アンド・ブライテスト」には決して受けのよい戦略ではありませんでした。

「ＭＡＤは自国民を相手からの攻撃に対し脆弱なままに放っておく不道徳な戦略である」と信じ、「核兵器自体を時代遅れのものとする鉄壁の防衛ミサイル網構築という道徳的に正しい戦略により米国民を守る」というレーガン大統領の価値観に基づいた声明は、米国のエリート層には、いかにも単純かつ理想主義的な考え方としか映っていなかったことを記憶しています。すでに多弾頭（ＭＩＲＶ）ＩＣＢＭが配備されていた時代です。多数の核兵器を短時間に撃ち込める時代に、宇宙に完璧なミサイル迎撃装置を配備することは技術的にほとんど不可能と考えられましたし、仮に実現に向けて邁進する場合に必要とされる莫大な予算は議会で承認されることはなかったでしょう。

米ソ宇宙競争の決着

ソ連は、ブレジネフ書記長の後を継いだアンドロポフ書記長（１９８２—84年）、チェルネンコ書記長（84—85年）がいずれも健康問題のため短期間しか統治がかなわなかったという不利な状況も加わり、経済建て直しと米欧の同盟の緩みを拡大させることには成功しませんでした。そして87年にゴルバチョフ書記長とレーガン大統領の間で軍備管理交渉がまとまり、射程５００キロメートルから５５００キロメートルまでの地上発射型弾道ミサイルと巡航ミサイルを全廃する中距離核戦力全廃（ＩＮＦ）条約が結ばれた頃には、すでに超大国として存在し続けることがほぼ不可能なところまで経済力は落ち込んでいました。

戦略防衛構想（ＳＤＩ）も含めてさまざまな要素、しかも偶然的な要素が重なる中で、米ソの軍事面における宇宙競争は、決着がついていったといえるでしょう。米ソの核、ミサイル、宇宙をめぐっての戦いを振り返るとき、しばしば６対４、６対３、６対３のストレートで決着がつくテニスの試合を思い浮かべます。スコアだけからはかなり相手方も良い戦いぶりをしたようにも思えるのですが、実際に観戦すると実はかなり一方的な試合です。しかし、そのソ連にしても冷戦期、米国以外に対しては圧勝のはずなのです。だてに「超大国」といわれていたわけではありません。

ＳＤＩは、費用対効果と技術的実現性を考慮してレーガン政権の終了とともに、そしてソ連の崩壊とともに不要になったとして、自然消滅に近い形で中止となりました。しかし、その後のすべての政権は、対象とする地理的範囲や配備の規模はさまざまではありましたが、一貫して相互確証破壊（ＭＡＤ）戦略の補完としてミサイル防衛システムを追求し、日本も含めて一部の同盟国も米国のミサイル防衛の枠内で自国のミサイル防衛システムの構築を行うようになります。日本が弾道ミサイル防衛を決定したのは１９９８年、まだ宇宙の非軍事利用を国是としていた時代でした。

ＡＢＭ条約は、２００１年12月にブッシュ（子）大統領が条約手続きに従い、脱退を書面で通告したことにより、６カ月後に終了しました。脱退の主な理由は、米国がより強力なミサイル防衛網を構築しようとしており、条約に抵触する可能性が大きかったからです。ロシアは米国が軍備管理に逆行する姿勢をとり世界を不安定化させると非難しました。

対衛星攻撃（ASAT）実験の現在

スプートニク1号の打ち上げが成功する前から、敵国衛星に対する攻撃方法や開発をいかに進めるべきかなどについて米ソともに議論が行われていました。

１９５７年には、すでに米陸軍は、ソ連の衛星が米国を監視する場合の対応として、対衛星攻撃（ＡＳＡＴ）システムの基礎研究に入っており、ＡＳＡＴの実施方法として「ナイキ・ゼウスミサイル」を改造したミサイルの利用、または核弾頭もしくは通常兵器弾頭を搭載した自動追尾式衛星を打ち上げる方法の２つを考慮していました。ＡＳＡＴに比べてミサイル防衛の方が困難であるとも言われていますが、原理的には同じことであり、ミサイル防衛システムも当然、同時に考慮されていました。陸軍案は、国家安全保障会議（ＮＳＣ）で考慮されますが、主として費用対効果と技術的な困難の観点から却下されました。

ＡＳＡＴ実験を米国は１９５９年以降、主として航空機から発射するミサイルで行い、ソ連は63年以降、別の方法で実施していました。ソ連が特に好んだ実験方法は、標的と同軌道を航行する衛星を打ち上げて、攻撃衛星から兵器を発射するというタイプのようです。68年10月19日に打ち上げられた攻撃衛星コスモス２４８は、続けて打ち上げられた２つの衛星を何らかの方法で破壊したことが確認されています。ソ連のタス通信は、2回とも科学実験を行い、その目的は達成された旨を発表しています。米国上院のソ連宇宙活動報告書は、これはソ連がＡＳＡＴ実験の実施を事実上認めたものと判断しています。

冷戦期の二国の物理的な衛星破壊実験は、１９８６年に2回、米国がＡＳＡＴ実験を行ったのを最後に二国の暗黙の合意により、長く実験停止状態に入ります。

ソ連は１９８２年以後、物理的な衛星破壊は行っていません。ちょうど国連や軍縮会議で宇宙軍備管理条約案を提案していたころです。そろそろ、国力を傾けて米国との核、ミサイル、宇宙の競争を制するのが困難となり、より喫緊の核兵器体系整備に注力していたのかもしれません。

ＡＳＡＴ実験モラトリアムが破られるのは２００７年、中国によってでした。翌年、米国は物理的ＡＳＡＴを行いました。表向きの理由は、自国の軍事衛星ＵＳＡ－１９３に不具合が生じたため、放置すると地上に落下して惨事を引き起こす可能性があるというものでした。これに、ロシアは追随してはいません。代わりに、２０１０年代半ば以降、新たなストーカー衛星型ＡＳＡＴの実験に入りました。20年初頭にも数カ月間、米国の最も貴重な画像偵察衛星ＵＳＡ－２４５へのつきまといを続けました。ＵＳＡ－２４５は、米国初の軍事衛星コロナシリーズ（ＫＨシリーズ、１９５９年開始）最後の世代の最終機（多分16機め）であると推定されています。米ソの長い戦いの第２章、21世紀編、が始まったということかもしれません。

米ソの宇宙協力

他方、冷戦が最も厳しかった時代にも、ＮＡＳＡとソ連科学アカデミーとの協定に基づき、宇宙気象研究（１９６２年）、通信実験（62―64年）、地磁気地図作成（62―73年）など、純粋宇宙科学研究の分野の協力は行われていました。緊張緩和（デタント）が定着しつつあった72年には、政府間の「宇宙の平和的探査・利用協力協定」がニクソン大統領とコスイギン首相との間で結ばれ、75年のアポロ宇宙船とソユーズ宇宙船のドッキング実験の成功へとつながります。５年の時限協定であった72年協定は77年に延長されます。77年協定に基づいて米国のスペースシャトルとソ連のサリュート宇宙船のドッキング実験が計画されましたが、79年のソ連のアフガニスタン侵攻により政治環境が悪化し、宇宙協力により米国の技術がソ連に漏洩することを懸念した米議会の反対もあり、77年協定自体が破棄される結果になりました。

レーガン政権時代も小規模な科学協力は行われてはいましたが、政治的に象徴的な意味をもつ探査協力、特に派手な有人協力が話し合われる状況ではありませんでした。当時米国が取り組んでいたのは、同盟国・友好国との国際宇宙ステーション（ＩＳＳ）の建設です。これは１９８４年にレーガン大統領が、カナダ、欧州宇宙機関（ＥＳＡ）、日本によびかけて始まったもので、当時の名称「フリーダム」が示すように、西側の結束と優越を示すためのプロジェクトでした。最初期には、92年頃には完成させる、という楽観的な見通しもありましたが、その後、中核となる米国をはじめとして各国とも十分な予算の獲得に苦しみ、冷戦終結時、ＩＳＳフリーダムは、設計図上にしか存在していませんでした。

しかし、冷戦が事実上終了していた１９９０年５月に行われた米ソ首脳会談に基づき、

91年7月、ブッシュ（父）、ゴルバチョフ両大統領の間で米国のスペースシャトルとソ連のミール宇宙ステーションの飛行士が互いに相手方の宇宙船に居住し、共同実験などを行う内容の宇宙協力協定を締結します。翌年6月には、ブッシュ、エリツィン両大統領は、これを推し進めて、シャトルとミールのドッキングミッションについての宇宙協力協定を結びます。従来、NASAの相手方はソ連科学アカデミーでしたが、はじめてロシアの宇宙機関が相手方となり、この後、宇宙機関間の日常的なやり取りの中でプロジェクトを進めていくことはいっそう容易になりました。

ロシアも参加した国際宇宙ステーション

協力プロジェクトが着実に実施され、信頼も醸成されていく中で、1993年に米国は、ロシアに国際宇宙ステーション（ISS）プロジェクトに参加するようによびかけます。遅延を重ねるISS計画は、クリントン政権下の93年にはついに抜本的な設計見直しを行い、簡素化された宇宙ステーションを建設することになりました。ロシアが参加を考慮している時点でも、まだその飛行要素（居住棟などさまざまな建物）のどれ1つとして宇宙に打ち上げられてはいませんでした。

１９９８年1月、ロシアも含めたＩＳＳ協定が採択され、同年11月、最初の飛行要素「ザーリャ」が、カザフスタン共和国のバイコヌール基地から打ち上げられました。バイコヌール打ち上げ基地自体は今日もロシアにリースされています。その後は順調に宇宙ステーションの建設が進み、日本の提供する有人実験棟「きぼう」も3回に分けて米国からスペースシャトルで打ち上げられました。ステーションは、２０１１年7月、最後のスペースシャトルミッションにより一応完成したとされてはいますが、ＩＳＳ協定上は増築・改築が可能です。実際、ロシアは何度も延期をしてはいますが、21年現在も、新たな多目的実験棟の増築を計画してはいます。

現在、２０２４年まではＩＳＳを運用することが決まっています。その後いつまで運用を延長するのか、最終的にはどのように処分するのか、という点は、未定です。民間企業の参加を求めてステーションの商業化による費用節減を図ることは可能か、次第に老朽化するステーションはいつまで安全に利用できるか、いつ思いきって廃棄処分を決め、どのような手順でスペースデブリとして大気圏内に再突入させ安全に燃やし尽くす作業を行うか、等々難題が控えています。

現在、着々と実力を蓄えた中国が独自の宇宙ステーション完成を目指しています。インドも2030年までに独自の宇宙ステーションを建設すると公式に宣言しています。ロシアはすでに単独で有人宇宙ステーションの運用を数十年成功させてきましたが、今後はどういう方向に進むのか、注目されるところです。

「ロシア時代」の宇宙活動

1957年から現在までのロケット打ち上げ回数が最も多いのはソ連／ロシアであり、そのソユーズロケットは最先端の技術を駆使したものではないとしても世界で最も信頼性の高いロケットとして長く世界の尊敬を集めてきました。たとえば、プロトンロケット（原型とKタイプの2種類）は1965年から2002年まで272回打ち上げられ、100％の成功率を誇っています。ソユーズL／U2型ロケットも66年から95年まで1007回の打ち上げで、一度も失敗していません。このような優れたロケットは世界の他のどこの国にも存在しませんでした（米国やフランスは、最先端技術を詰め込んだロケットを作るため、失敗することもあります）。

ところが、そのロシアで、2010年代に入り、打ち上げ失敗が目立つようになってきました。10年から現在まで10回以上、爆発も含め完全な失敗がみられます。ロシアが現在保有しているロケットは有人機も含めて4種類。うち3つはソ連時代に開発されたロケット、さらにいえばウクライナのロケットです。ソ連のロケットの父セルゲイ・コロリョフはウクライナに生まれ、最初はキエフ工科大学に通う学生でした。ロシア共和国として初めて開発したロケットは14年に初打ち上げに成功したアンガラロケットです。

ソ連崩壊時、ロシアは、年間100機程度の衛星を打ち上げる能力がありました。米国の衛星より性能が劣るため運用寿命が短かった分、多く打ち上げることで対抗していたという冷戦期からの慣行の名残ともいえます。経済的困窮の中で製造や打ち上げ数が大幅に減少していったため、ロシアの宇宙通信、測位、宇宙観測の実力は急速に衰退していきましたが、1992年にはまだ、年間約55機の衛星を打ち上げていました。

1990年代半ば以降、広大な国土の需要を満たす通信・放送網の提供にも困難が生じるようになり、外国企業との合弁によって衛星を打ち上げることや、直接外国衛星から通信サービスを購入することなども行われるようになりました。従来東側の連帯の象徴であった政府間国際通信組織インタースプートニクと米国のロッキードマーチン社の合弁企業としてのロッキードマーチン・インタースプートニク（LMI）社を97年に設置してLMI－1号を米国から打ち上げて使用するような事例はロシアの変化という意味で象徴的です。そしてもっと象徴的ともいえるのは、そのLMI－1号は、軌道上で香港の企業ABS社に売却され、衛星通信でアジア首位の日本のスカパーJSAT社に迫る勢いをもつ中国企業ABS社の礎石を作ったことです。ABS社は現在、便宜置籍的にバミューダの企業となってはいますが、実態は中国の企業です。

米国の測位航法衛星に対抗したソ連時代の測位衛星GLONASSシステムは、ロシアが引き継いで1994年に24機体制を完成させました。衛星寿命が3年程度と短いため、維持が困難で21世紀に入る頃には運用は6—8機体制となってしまった時期もありますが、2001年に特別プログラムが開始され、年間宇宙予算の約3割をGLONASSに割り当てて12年には、24機体制を復活させました。そして衛星寿命が10—12年と長い第3世代GLONASS－Kの打ち上げも開始しました。2020年10月時点で、23機体制を維持しています。

GLONASSの測位信号は軍隊のみが利用可能でしたが、2007年にGLONASSの測位信号を民間利用にも提供し始めました。ロシアの測位航法衛星は、国内市場が小さいため、国際展開を図ることが必要です。そのため、インド市場への進出を図るために一部のGLONASS衛星をインドから打ち上げるなどの努力もしましたが、インドも独自の測位航法衛星システムを建設中であり、なかなか市場参入は難しいようです。中国とは15年に測位航法衛星利用の協力協定を結んでいます。2000年に初号機を打ち上げ、20年6月に35機体制という米国をもしのぐ機数で北斗衛星システムを完成した中国と明暗が分かれた、といえそうです。

第3章　アメリカの宇宙政策

「世界一」が必須の課題

米国の宇宙政策の特色を一言で述べると、米国の宇宙におけるリーダーシップの維持増進のあくなき追求という点に尽きると言えます。軍事、有人探査、知の最先端を解明する科学研究、商業利用、さまざまな宇宙活動の側面すべてにおいて世界一であり続けることを必須の課題としています。ですから、ライバルが強いときにはおのずから米国の宇宙政策も、すべての側面で積極的なものとなりがちですし、凪の時期には、民生、軍事、商業宇宙の健全な発達に向けた投資の最適解の考慮や国際協力の勧めなどが前面に出てくる傾向にあります。しかし、どのようなときも、米国は自由に宇宙空間を開発利用することを必須の前提とし、米国の自由に対するいずれの国からの干渉も絶対に受けないという決意は不変です。

戦後の米政権の宇宙政策の特徴を、順を追って見ていきます。

アイゼンハワー政権（１９５３―61年）は、最初の宇宙開発競争の中で米国の軍事衛星整備を急ぎ、ケネディ大統領は、米国の威信と覇権をかけて、初の人類の月着陸を成功させる礎を作りました。アポロ11号の成功を大統領として迎えることができたのはニクソン大統領ですが、ニクソン時代は、1970年3月に宇宙活動を行う3つの目的（①探査、②科学的知見の獲得、③宇宙利用による人類の生活の福利向上）と6つの具体的な活動目標を発表しました。6つの目標とは、①有人・無人の月探査の継続、②無人の太陽系の天体探査、③宇宙活動コストを低減するための再使用型スペースシャトルの開発、④宇宙実験ステーションの建設、⑤気象、通信、測位、航空管制、地球観測、教育、国防などの目的に即した実用衛星の利用、⑥より早くより大きな成果を生み出すための国際協力です。

ニクソン大統領が掲げた6つの活動目標すべてはレーガン時代（1981―89年）初期までには実現したといってよいでしょう。ニクソン時代に特に顕著な進展があったのは、米ソの宇宙協力です。その協力の結果、あらゆるプロジェクトに共通する基本的な法律問題を規定する「枠組協定」とプロジェクトごとの具体的な任務の責任分担、遂行手続などを定める「実施協定」の2本立てからなる、国際協力協定の構造を作り上げました。実は、ソ連抜きの1988年の国際宇宙ステーション協定も、ロシアが入って新条約として作り直された国際宇宙ステーション協定も、冷戦期の米ソ二国間協定の規定の作り方に相当程度の影響を受けた形式と内容のものです。

軍事宇宙政策を進めたカーター政権

少し遡った１９６３年、ケネディ政権下では、米英ソの間で、水中、空中、宇宙空間での核実験の禁止を規定する部分的核実験禁止条約（ＰＴＢＴ）が締結されました。米ソともに、自国の保有する衛星を主とする監視システムで互いの核実験を探知することができると信じたから実現したものです（この条約はその後１２０カ国以上が加盟する多国間条約となりました）。また、72年のＡＢＭ条約や戦略兵器制限暫定条約（ＳＡＬＴⅠ）、さらには79年のＳＡＬＴⅡも条約の履行状況を互いの「自国の検証技術手段」（National Technical Means of Verification：ＮＴＭ）を用いて検証すること、相手方が用いる検証手段を互いに妨害しないことなどを条約規定に含めていました。そしてその手段の中心が軍事衛星であることは条約の起草過程で公表されている部分（ただし米国側のみ。ソ連は起草過程の公表なし）からわかります。

カーター政権は１９７８年10月、軍事衛星の利用を公表しました。それまでは米ソとも軍事衛星を利用していることは公式には認めていませんでした。同政権がそれを公表した経緯と意図は当時のホワイトハウスの政策文書から、かなりの程度読み取ることができます。最大の理由は、核軍縮を進めてもソ連との合意内容を衛星で監視できるのでソ連に騙されることはないと米国民を安心させるためでした。付随して、ソ連が当時頻繁に試みていた対衛星攻撃（ASAT）兵器実験への圧力を加えたいという意図があったとされます。軍事衛星が条約の遵守を検証する道具として有用であること、そしてそれは合法な活動であることを強調して、そのような衛星を攻撃するための実験は核軍備管理に逆行する危険な行動であるという批判を加えたかったのです。とはいえ、同時に、軍事衛星の利用を公言することで、それは宇宙の平和利用に反する行為だと途上国から批判を受けないかという不安があったようですが、この頃までにはすでに軍事衛星の利用は現実として受け止められており、公式に批判をする国はありませんでした。

カーター政権時、民生宇宙システムでは目立った新たな取り組みはありませんでしたが、地上の軍事力を増強するために軍事衛星を用いるいわゆる「宇宙の軍事利用」を超えて、それ自体が攻撃能力をもつ宇宙システムを開発する、という「ウェポニゼーション」（weaponization）といわれる方向に大きく舵を切っていくことになります。「ウェポニゼーション」とは耳慣れない言葉です。「宇宙の兵器化」などと訳されることもありますが、日本語として不自然なため、「ウェポニゼーション」と英語のまま使われることが多い用語です。ASATも含め、兵器を利用して宇宙空間で他の宇宙物体を攻撃すること、宇宙から地上を攻撃すること、地上から宇宙を攻撃することを目的として兵器開発を行うことなどを指します。カーター政権において、ウェポニゼーションのカテゴリーに入るASAT兵器の開発整備を進めました。

米国は1970年に1度ASAT実験を行いましたが、その後は70年代を通じて実験を差し控えていました。しかし、ソ連は70年から78年までに14回実験を行っています。そこで、ソ連がASATで優位にたつことがないように、カーター政権下では、ASAT兵器の開発と実験も指示されます。カーター政権はまた、78年5月に発表した公開版の国家宇宙政策で、初めて「自衛権の行使を支援する宇宙活動を追求する」、と明確に「自衛権の行使」という文言を使いました。「宇宙システムへの故意の干渉は、主権的権利の侵害とみなす」という表現もソ連のASATを意識したものでしょうが、これまでになかった強い表現です。カーター政権は民主党政権の中でも特に平和尊重、穏健、というイメージが強いのですが、米国の宇宙優勢確保という点についてはまったく譲る気配はありません。

次のレーガン政権の宇宙政策でも、自衛権や他国からの故意の干渉については、カーター政権下の国家宇宙政策の記述が維持されています。

「宇宙での武力行使」に言及したレーガン政権

レーガン政権は、2回、国家宇宙政策を発表しています。1度目は1982年で、カーター政権の政策からの継続部分が多いのですが、新たな展開としては、前年に打ち上げに成功したスペースシャトルを今後の基幹輸送システムと定め、その利用枠の調整を安全保障に優先権を与えつつ、NASAと国防総省の合意形成に委ねている点などを挙げることができます。また、初めて、宇宙プロジェクトにおける米国の技術移転、輸出管理への留意が強調されています。緊張緩和（デタント）終焉の中で、議会が技術漏洩を懸念したことにより、ソ連との協力プロジェクトが停止となったことも背景にあったはずです。

この時代は、「対共産圏輸出統制委員会」（COCOM）に属する自由主義国が、そこで決まった輸出禁止事項を自国の輸出管理法制に取り込み共通の基準を履行するという形で、社会主義国に対するハイテク技術の漏洩を防いでいました。米国が主導してミサイル・ロケットについての品目や技術の拡散を防ぐための輸出管理枠組、「ミサイル技術管理レジーム」(MTCR)ができるのは、この後、1987年のことです。

2度目の国家宇宙政策は、政権末期の1988年に発表されます。83年に発表された戦略防衛構想(SDI)の研究開発もそれなりに進み、ソ連との中距離核戦力全廃(INF)条約も締結された後の、いわばレーガン政権の総決算としての宇宙政策です。

この宇宙政策は、現代につながる、という意味で注目すべき政策だと思います。宇宙活動の優先順位を国家安全保障強化におき、次いで、科学・技術・経済上の便益獲得を重視しています。国家安全保障のための宇宙は、敵の行動を抑止し、米国の宇宙資産を地上の軍事作戦のために利用することが基本ですが、必要なときには敵対的な宇宙システムを拒否する、つまり宇宙での武力紛争も辞さない覚悟を示しています。

国防総省の4つの任務

この政策の後半部分、国の民生部門、商業部門、国家安全保障部門それぞれに付与した具体的な行動準則のうち国防総省に与えた4つの任務は、オバマ政権までのすべての国家宇宙政策に明記されるものです（トランプ政権は4つの任務を採用しませんでした）。4つの任務とは以下のものです。

＊宇宙支援（Space Support）打ち上げ能力と衛星を十分に確保し、衛星管制・制御能力やデータ送信能力を高めることなど、宇宙資産の確保

＊軍隊の能力強化（Force Enhancement）陸・海・空の作戦展開のあらゆる段階に対応することができる宇宙システムを開発、運用、維持すること

＊宇宙支配（Space Control）米軍が宇宙での行動の自由を確保するに足る宇宙システムを開発、運用、維持する。この目的のため、対衛星攻撃（ASAT）能力の開発・配備、特に重要な宇宙資産が攻撃された場合の残存力向上プログラム整備。さらに、警告、通報、検証、緊急時対応能力を統合すること

＊武力適用（Force Application）国際法を遵守しつつ、宇宙兵器の研究・開発、ならびに必要な状況においては宇宙兵器システムを獲得し配備する準備をすること

4つの具体的施策のうち、「宇宙支援」と「軍隊の能力強化」が宇宙の軍事利用（ミ

リタリゼーション）にあたり、「宇宙支配」と「武力適用」が宇宙の兵器化（ウェポニゼーション）に該当します。

米国主導のスペースデブリ低減策

レーガン政権の2回目の宇宙政策ではまた、初めてスペースデブリ低減に向けてすべての宇宙関係セクターが努力すべきことを指示しています。ちょうどこのころから各国の宇宙機関や軍、科学者などからなる宇宙コミュニティでスペースデブリ問題が意識されるようになります。翌1989年、ブッシュ（父）政権下で公表された国家宇宙政策でも言及がありますが、一歩進んで、米国は他の宇宙活動国にもスペースデブリ低減政策や措置を取るよう奨励する、という一文が加わっています。スペースデブリを減少させるためには、衛星やロケットの設計段階での工夫のほか、低軌道の衛星であれば、衛星が寿命を迎える前に、残っている燃料を用いて大気圏内に再突入させるように地上から管制する方法（「デオービット」）があります。また、静止衛星の場合は、静止軌道からさらに遠方の軌道に再配置（「リオービット」）しますが、デブリ低減措置は宇宙活動のコストを高めることにもなり、それを米国だけで行っては米国が損をすることになります。また、最も多くの衛星を打ち上げ、そのため、衛星とロケットの上段を最も多く宇宙にばらまいているのはソ連です。他国とともに取り組まなければ効果がその分薄くもなる、ということで多国間でのスペースデブリ低減を謳っています。「91会計年度に向けたＮＡＳＡ権限法」では、他の宇宙活動国と協定を結び、他国がスペースデブリを増加させないようにＮＡＳＡが関与すべき旨が規定されています。

その後、93年には宇宙機関間スペースデブリ調整委員会（ＩＡＤＣ）（現在12カ国の宇宙機関と欧州宇宙機関がメンバー）が結成され、２００２年にはＩＡＤＣスペースデブリ低減ガイドラインが作られました。その内容を簡潔にまとめたのが07年の国連宇宙空間平和利用委員会（ＣＯＰＵＯＳ）スペースデブリ低減ガイドラインです。このガイドラインでも指示されているように、実際の低減措置は、ＩＡＤＣガイドラインの最新版に従って行われますから、20年近くかかったとはいえ、米国の宇宙政策は、実現したという見方ができるでしょう。もっとも国連でガイドラインを作成しようとしたときに、さまざまな条件をつけて抵抗し、不承不承ガイドライン作成に合意したのも米国である、という側面もあります。これは、宇宙活動に無縁な国も少なくない国連では、抽象的な理想を追ったり、活動国に懲罰的な規制を課したりして、ＩＡＤＣよりも厳しいデブリ低減措置をめざすことになり、米国の自由な宇宙活動の阻害になるおそれがある、と考えたからでしょう。

バランスの取れたクリントン政権

ブッシュ（父）政権では国家安全保障向上が宇宙活動の最大の目的とされますが、クリントン政権が1996年に発表した国家宇宙政策では、探査による科学的知見の獲得、国家安全保障、経済や科学技術基盤強化などが宇宙活動の目的であるとされ、レーガン政権と同様、検証可能で国益に資するものであれば、宇宙軍備管理条約を結ぶことも選択肢の1つであるとします。宇宙軍備管理条約の対象が対衛星攻撃（ASAT）に限られるのかそれよりも広い範囲かなどについて、具体的な記述はありません。クリントン政権時は財源確保の困難から国際宇宙ステーション（ISS）計画が遅々として進まず、ロシアを引き入れてようやく本当の建造が開始した時期に当たります。レーガン政権以来の規制緩和と宇宙活動の民営化促進は続いており、この時代、通信・放送、打ち上げサービス、リモートセンシングなどの宇宙の商業利用が進みます。

クリントン政権下では、民間のリモートセンシング衛星の分解能の上限を政策で定め

（具体的数値は非公表）、国家安全保障上の緊急事態時には、民間事業者が紛争相手国などにデータを提供することを国が止める権限をもつ「シャッターコントロール制度」などを整備していきます。基本的には同一方向ですが、次のブッシュ（子）大統領の下では、「９・11」後の米国の安全保障政策を反映して、政府の権限強化を狙う「商業リモートセンシング宇宙政策」（２００３年）が作成されました。この政策は、シャッターコントロールを強化するだけでなく、政府が安全保障目的で使用するために私企業のリモートセンシング衛星システムの仕様を政府の画像偵察衛星システムと両立するものとするように指示したり、有事に国防長官やＣＩＡ長官が私企業の画像を利用したりすることができると記されています。もちろん利用は有償で行います。シャッターコントロールの方法は公表されていませんが、関係する民間リモートセンシング衛星画像全てを一定期間政府が買い占めるというやりかたであったと言われています。

また、クリントン政権時、米国の中東政策の一環として、「１９９７会計年度に向けた国防権限法」で、イスラエルおよび大統領が指定する国・地域について市場で取引される最高の分解能以上の画像を撮影することおよび配布することを禁止する規定を導入します（１０６４条）。リモートセンシング衛星運用は、民間ビジネスの促進と国家安全保障や外交政策の微妙なバランスを取ることが困難な分野であり、米国の技術が入ったカナダのリモートセンシング衛星「レーダーサット」(95年打ち上げの1号機は政府衛星。2号機以降民間衛星)の運用にも99年以降、米国のシャッターコントロールに似た制度を採用させています(33ページ参照)。

GPSシステムを世界標準に

クリントン政権時にはまた、米国の測位航法衛星GPSの信号を世界の公衆に向けて無償提供することにより、GPSシステムを世界標準としようとする動きが活発でした。GPS衛星の配備は1970年代後半から始まり、10年遅れてソ連が同様のシステムGLONASSの打ち上げを始めます。遅かれ早かれ世界的に同種の衛星が運用されるであろうことを考え、やがて展開される世界航法衛星システム(GNSS)の中で米国GPSの信号タイプが技術標準を獲得し、世界の位置と時刻情報の根幹を独占することをめざして、信号の無償提供を行ったのです。信号には軍用波と精度を故意に劣化させた民用波があり、当初は民用波の無償配布を行っていましたが、2000年5月以降そのやりかたを廃止し、高性能の測位・時刻信号を世界に遍(あまね)く提供することとしました。そうすることが世界の航空・海運交通安全、科学研究、ビジネス機会増進などに役立つからであり、根底には、米国の軍事的必要性は、同一信号の精密な加工や応用により十分確保されるという判断がありました。武力紛争中などは、敵方の存在する地域のみＧＰＳの提供を止め、敵性利用を防ぐということも併せて発表されました。そのため、03年のイラク戦争中も無関係な地域では高品質ＧＰＳ信号は止められることはなかったということです。しかし、世界各地でカーナビの精度が急に落ちたという報告もあり、実際はイラク戦争に無関係な地域でも、ＧＰＳの精度は落とされていたのではないか、という懐疑的な見方もあります。

欧州は、クリントン政権のＧＰＳ政策を額面通りには受け取りませんでした。いざというときにＧＰＳを止められることを恐れ、独自のガリレオシステムという測位航法衛星システムの構築に入りました。資金調達の仕組み作りに苦しみ計画は遅れますが、最終的にはＥＵが乗り出し、資金を提供することにより、２０１６年にはサービスを開始しています。しかし、高度２万４０００キロメートルの中軌道に30機体制（そのうち４機から６機は休眠機でいざというときに使う）が完成されるのは、若干遅れて21年中であろうといわれています。米ロ中のシステムと異なるのは、ガリレオ衛星群は民生利用に特化したシステムであり、特に精度の高い有償信号の購入は軍事状況に左右されない安定的な供給が魅力となります。

21世紀初期には、測位航法システムはビジネスとしてはリモートセンシングよりも市場の小さいものでしたが、正確な位置と時刻を提供することが可能となる測位航法衛星ビジネスの範囲は広く、ビッグデータを用いた情報の加工により、その後、単なる画像提供サービスを凌駕するものとなっています。もっとも今日、測位航法情報とリモートセンシング画像情報を組み合わせた情報を提供するビジネスが増加しているので、比較や分類は無意味になりつつあるかもしれません。

安保重視のブッシュ政権

ブッシュ（子）政権の国家宇宙政策は２００６年に発表されますが、それ以前にすでに攻撃的な宇宙政策や作戦が政権の各所から出されていました。たとえば、政権移行期の01年1月に「宇宙の真珠湾攻撃」（スペース・パールハーバー）への準備を要請する報告書が提出されたり、04年には、空軍が「対宇宙作戦」というウェポニゼーションを大々的に勧める文書を出したりしていました。もともと02年の国家安全保障戦略は先制攻撃まで辞さない攻撃的なもので、従来の共和党保守派とはタイプの異なる政策を出していました（もっとも06年の国家安全保障戦略は、不明確な表現ながら伝統的な先制的自衛権の範囲内の行動を取る、と読める書きぶりに変わっています）。

ブッシュ政権の宇宙政策では、宇宙を制する国はそうでない国に対して圧倒的な優位性をもつことになるという前提を掲げ、「宇宙支配」を維持増進することを宣言します。そして、米国の宇宙活動を制限するあらゆる法制度や制限に反対する、という原則を記しています。クリントン政権も「宇宙支配」の維持は唱えていましたが、「宇宙支配」は軍事的措置とともに外交的または軍備管理などの法的措置によっても維持向上できると判断していました。政権により選択する手段はかなり異なり、クリントン政権では、宇宙軍備管理条約締結もあり得るとなり、ブッシュ政権では、現在米国が締結している条約以外に宇宙での行動を縛る条約に加盟することはあり得ない旨が記されます。ブッシュ政権の政策の文章はかなり勇ましいのですが、表現は抽象的で、具体的に何らかのウェポニゼーションを進める措置を取ったわけではありません。

ブッシュ政権は、国際宇宙ステーション（ＩＳＳ）の運用は早期に打ちきり、月の有人・無人の探査を進めようとしていましたが、これは次のオバマ政権により覆されます。

オバマ政権は、紆余曲折の末、2030年代に火星に有人着陸する、という計画を選択します。輸出管理やスペースデブリ低減、商業利用の促進などについては、クリントン政権との相違はさほどでもありませんでした。

「敵」という言葉を使わなかったオバマ政権

2010年に公表されたオバマ政権の国家宇宙政策は、レーガン政権以来、最もユニークなものといえるでしょう。とはいえ、前述のように、国防総省の4つの任務（宇宙支援、軍隊の能力強化、宇宙支配、武力適用）は明確に記されています。

オバマ政権の国家宇宙政策は、歴代政権の政策の中で、多分初めて「敵」（enemy または adversary）という用語が用いられていないものです。歴代政権では、「敵」と記されていた箇所に「努力（efforts）」という語を入れ、自国または同盟国の宇宙システムに干渉しようとする努力は挫く、という表現になっています。

宇宙政策の目標でも、①国内産業の活性化、②国際協力拡大、③宇宙の安定強化、④宇宙の抗堪性（基地や施設が敵の攻撃を受けた場合に、被害を最小限化して生き残り、その機能を維持する性能）強化、⑤探査イニシアティブ、⑥地球観測と太陽系観測の6

つを掲げ、初めて国家安全保障を含めていません。「宇宙の安定強化」が安全保障に近く、宇宙での安全で責任ある行動を各国が取るように奨励することや宇宙物体の衝突回避のために宇宙状況監視（ＳＳＡ）を強化し、その情報を共有すること、スペースデブリを低減すること、などを具体的措置として挙げています。まるで国連で宇宙の平和利用の議論がされているかのような内容が米国の国家宇宙政策にみられることに驚きます。

２０１１年、オバマ政権下で国家安全保障宇宙戦略が出されます。ここで目標とする国際的な宇宙安全保障維持強化は、国際的な行動規範採択、国連長期持続可能性（ＬＴＳ）ガイドラインの採択、同盟国とのＳＳＡ協力などにより実現されることになっています。この宇宙戦略は、当時国連内外で議論されていた項目の再録に近く、目新しいところはなかったのですが、宇宙の状況を「混雑し、挑戦を受け、競争が激しくなっている」(congested, contested and competitive)、と表現した部分は、「３つのＣ」として人口に膾炙（かいしゃ）し、その後現在の宇宙の状況を説明するときの枕詞のようになりました。

堅実、かつスピーディーなトランプ政権

トランプ大統領は４年間、軍事力の利用には慎重であり、軍隊を外国から撤退させる

ことはあっても、新たな武力紛争に介入することはありませんでした。明らかに国際協調ではなく米国孤立主義に基づいた政治を行い、また、しばしば科学軽視の発言、学術団体への資金削減（特に気候変動について）も行い、批判されています。このようなトランプ大統領の傾向から、宇宙という長期的な投資が必要で、短期の見返りを期待しにくいある種地味ともいえる分野には消極的であってもおかしくない、という推測ができるかもしれません。しかし、事実をみるとそうではありませんでした。歴代政権との相違は、ほとんどの政策が非常に速い速度で実現し、少なくとも実施段階には到達している、という点です。類をみないスピード。これがトランプ政権の宇宙政策の最大の特色といえるかと思います。

大統領に当選すると、翌２０１７年６月に、クリントン大統領が１９９３年に廃止した国家宇宙会議を24年ぶりに復活させました。国家宇宙会議は、副大統領が議長を務める格の高い会議で、アポロ計画を実現するためにケネディ大統領が創設したものです。その後、大統領により、廃されたり再設置されたりしてきましたが、トランプ大統領は、国家宇宙会議を基盤に次々と宇宙政策指令（ＳＰＤ）を打ち出していきました。17年12月から20年９月までの間に５つの政策を指示し、任期終了までにほぼすべてにおいて指令の方向に向けて行動が進んだ、という点が画期的です。過去10年間、必要性が議論され賛否両論となっていたり、あるいはほぼ共通了解事項となってはいたけれどもなかなか踏み出せなかったことに一気に手を付け、将来の政権が後戻りしにくいほど米国の宇宙活動のありかたを規定してしまった、というのがトランプ政権の宇宙政策である、と結論できるのではないかと思います。

月の有人探査「アルテミス計画」

トランプ大統領は、２０１７年12月11日公表の最初の宇宙政策指令で、オバマ政権の２０３０年代に人類を火星に送る、という計画を中止し、米国企業や外国と協力し、まず月に人を長期滞在させるミッションを成功させ、その次に火星をめざすという案を採用しました。レーガン大統領の国際宇宙ステーション（ＩＳＳ）は同盟国・友好国との協力でしたが、外国よりもまず先に米国の企業との協力に言及しているところが「アメリカ・ファースト」の大統領らしいところです。また、１９８０年代とは到底比較にならないほど、企業の技術力が向上している、という現実もあります。月面有人着陸の時期については宇宙政策指令の中では明示されませんでした。

月探査ミッションはブッシュ（子）政権時代の２００４年にも宣言されていたもので、目新しいものではありません。科学者の間では、月の物理的な性質を探査することにより、地球の始まりや生命進化の過程がわかるとされており、人類にとって有益な科学的知見が蓄積されることが期待されていました。加えて、月という地球から最も近い太陽系の衛星に拠点を作り、ここでさまざまな実験を行い、将来の火星やそれ以遠の天体での活動の足がかりにすることは合理的であると考えられていました。それ以外にも、ブッシュ大統領が月を選んだ理由には、月の資源利用で中国に先を越されてはならない、という決意もあったでしょう。当時、すでに中国が非公式ながら、月でヘリウム（核融合に用いる）やチタンを採掘してエネルギー不足を解消する、ということを有人活動の目的の1つに挙げていたからです。21世紀に入った頃、米、中、ロ、インドが月の有人活動をめざしていました。ブッシュ大統領の計画は、有志国との協力で、08年までにロボットを月に送り、早ければ15年に、遅くとも20年までに人間を月に送る、というものでした。

トランプ大統領の計画は24年までに月面有人着陸を再び実現させる、というものです。米政府の宇宙関係者からは、17年の春頃から、大統領は在任中に偉業を達成したいのだ、ずっと先の火星のことなど興味はない、だから有人月ミッションとなるであろう、という声が聞こえてきていました。月着陸の予定は、19年には24年と明確化されましたが、当初の予定より前倒しになっています。そして、20年10月には具体的な月有人探査の原則文書「アルテミス合意」が米国、日本、イタリア、オーストラリア、カナダ、ルクセンブルク、英国、UAEの8カ国の宇宙機関や省庁との間で締結されています。同年11月には、ウクライナも合意に署名しました。

「商業宇宙」でもリーダーシップを

2018年5月と6月にそれぞれ出された2番目、3番目の宇宙政策指令は、静止軌道までの空間の商業化をいっそう進めることによって、米国の宇宙産業を強靱化し、商業宇宙のリーダーシップを確保し、かつ、それを国家安全保障向上にもつなげようとするものでした。宇宙政策指令2は、宇宙の商業利用に関する国内法規則の見直しを求め、宇宙政策指令3は「宇宙交通管理」(STM)というもともとは欧州で提唱された新しい概念を、民間企業の活動を阻害せず、かつ、米国の国家安全保障に有利なものとして構築していこうとするものです。両者ともビジネスと安全保障の確保を目指している点が特徴です。

前者は、現行の宇宙輸送とリモートセンシング関係法規則を改正し、企業が打ち上げやリモートセンシング衛星の運用をしやすくするよう指示しています。許可手続が複雑で許可付与に時間がかかると米国の商業宇宙でのリーダーシップが揺らぎかねないだけではなく、現在の軍隊は民間から衛星通信や偵察画像サービスを購入していますから、経済と防衛双方にとって打撃であるという発想です。

米国は、1984年の陸域リモートセンシング商業化法と商業宇宙打ち上げ法以来、民間企業の宇宙活動の許認可付与と監督のための国内法を制定し改正し続けていますが、諸外国の国内宇宙法と比べて、手続が厳格で過重規制の部分があるように思われます。スペースデブリ低減の規制なども世界で最も厳しい部類に属します。産業政策のあり方が欧州と異なるので、レーガン政権時代など、企業に対する補助が欧州に比べて相当手薄な時代もありました。これは現在ではかなり是正されています。

92年の陸域リモートセンシング政策法は、実用リモートセンシング衛星開発運用を完全に民営化しようとした84年法の失敗を受けて作成されたもので、現状とは合わない部分も多く、法規をすべて読んでも、むしろ最初から読み進めると、かえって理解しにくい部分が少なからずありますが、歴代政権は、抜本的な改正に向けての行動は取っていませんでした。トランプ政権がそこに手をつけたのは、かねてからその点に不満をもち、商務省が中心となって、宇宙活動の許認可や民生用の宇宙交通管理を行うべき、とする規制緩和派が国家宇宙会議のメンバーに多かったことにもよるのでしょう。

もっとも、規則の改正は議会で行う地道な作業ですから、陸域リモートセンシング政策法の廃止と新法制定は実現していませんし、民間宇宙活動の許認可の中心を商務省に移すという指示も実現していません。しかし、運用により、リモートセンシング許可付与は２０１８年以来かなり早くなっていますし、20年7月には、イスラエル領域の画像撮影の限界が分解能2メートルから０・４メートルにまで緩和されました（33ページ参照）。さらに、20年10月には、宇宙観光時代を睨んで、有人打ち上げと宇宙機の地球帰還部分について、商業宇宙打ち上げ法規が改正されています（もっとも大統領の指示は、19年2月までに、ということでしたので、1年半以上遅れたとはいえます）。

メガコンステレーション時代の宇宙交通管理（STM）

欧州型の宇宙交通管理（ＳＴＭ）概念は、宇宙活動の安全のために規制を重視し、将来は国際民間航空機関（ＩＣＡＯ）その他の国際機関が一括してＳＴＭ規則の制定や監督を担うべきであるという考え方が中心となります。最近までは米国はＳＴＭの考え方に冷淡で、現状は周波数管理と静止軌道における軌道位置の分配、デブリ低減の問題にとどまり、それ以外の交通規則というものは存在しない、という考え方を前面に出していました。周波数管理と静止軌道位置の分配は国際電気通信連合（ＩＴＵ）の管轄であり、デブリ低減はすでに国際ガイドラインがあります。つまり、米国はこれまで新たなＳＴＭは不要、と言いたかったわけです。

それが、メガコンステレーションの時代になり、低軌道が格段に混雑し始めたこと、安価な小型衛星が普及して活動主体が激増したこと、敵国や非友好国の宇宙空間での不審な動きを規制することはむしろ米国の行動の自由にとって有利であること、などから、ＳＴＭという概念も捨てたものではないと理解されるようになってきたようです。メガコンステレーションとは、巨大な衛星網のことで、ＩＴ企業などが積極的に構築を進めています。ここ数年、数千から1万機以上の小型衛星を組み合わせた高速インターネット通信などを目指す企業も現れ、一部は実現に向けて進んでいます。また、宇宙状況監視（ＳＳＡ）能力の向上により、どこにどのようなものがあるかが明確になるに従い、いずれは最低限の宇宙物体の運航ルールは必要となる、そうであれば、米国流ルールを先に定めておくべき、という結論になった部分もあるのでしょう。

米国のＳＴＭは、産業界の利益となるものであること、最小限の安全基準とベストプラクティスづくりを目的とし、ルール形成において、最終的には政府が規則を定めることにはなりますが、まず民間のフォーラムがルールの方向性を検討すること、それを受け入れつつ、共同作業といってもよいやりかたで民間とともにルールを形成していくことをめざしています。ＳＴＭは長期的には、デブリ除去ビジネス活動などのありかたも含むことになっていますから、この分野でリードしたい日本にとっては、民間フォーラムでのルール協議も目が離せないところです。

72年ぶりの新軍種「宇宙軍」の創設

宇宙政策指令の４番目は、２０１９年２月、72年ぶりの新たな軍種としての宇宙軍の創設の指示でした。軍の新編には、法制定が必要なので、設置の方法論、組織、任務などについて国防総省が大統領の指令する項目を法制定手続に乗せました。宇宙軍は、同年８月末に別途設置されることになる統合宇宙軍（ＳＰＡＣＥＣＯＭ。これも、18年12

月の大統領メモにより、11番目の統合軍として設置が決まったものです）と任務が重複する、屋上屋を重ね、官僚機構を複雑化し、より予算を必要とするだけで効果はない、という見解もあり、実現が危ぶまれていたことは確かです。しかし、そのような否定的見解とともに、宇宙での脅威が増し、宇宙が戦闘領域となるかもしれない現在、象徴的な意味であっても、国民の結束と自覚のためにも必要である、という意見もトランプ政権以前から高まっていました（統合宇宙軍の任務内容と日本の宇宙政策との関係については189ページ参照）。

結果として、「2020会計年度に向けた国防権限法」に基づき、19年12月20日、宇宙軍は設置されました。実現は難しいだろうという論調が主流だったので、指示から10カ月で実現したのはあっけないほどでした。

20年8月10日には、戦闘領域としての宇宙で米軍が宇宙支配を確保するための初の宇宙軍の軍事ドクトリン「スペースパワー」も公表されました。もっとも、これは戦闘マニュアル、宇宙で武力紛争が勃発したときの国際法ルールなどを記述したものではなく、宇宙という戦闘領域の物理的特色を確認した上で、いかに宇宙の軍事利用を効率的に行い、いざというときの宇宙優勢を獲得するべきか、宇宙軍の成功のためにはどのような人材確保や教育が必要か、ということを記したものです。今、世界で宇宙戦闘マニュアルを公表している国はありません。

宇宙のサイバー・セキュリティ強化

宇宙政策指令の5番目は2020年9月に出されました。中国やロシアを念頭に宇宙システムへのサイバー・セキュリティのハードウェアとソフトウェア双方の要求水準を確立し、地上施設も含めたサイバー・セキュリティの包括的な規則を制定すべし、というものです。ここでもまた、産業界と政府の協力が重視されています。サイバー・セキュリティについての大統領指令は、21世紀に入り歴代政権が出してきたものですが、宇宙に特化し、ファーウェイ社など中国企業の一部をサプライチェーンからはずしてサイバー攻撃を受けないようにするための包括的な制度づくりに入ったのは画期的なことです。すでに外資規制法、輸出管理法などの法分野の改正は19年までにほぼ完成しており、いよいよ個別分野としての宇宙にもサイバー・セキュリティ強化が始まった、といえます。

任期終了間近に宇宙政策を発表

トランプ大統領は、やはりこれまでの大統領と比べて特異でした。

任期がほぼ終了という2020年12月9日に、政権としての国家宇宙政策を発表しました。個々具体的な政策は、これまでの5つの宇宙政策指令に書かれていることを整理したものであり、新たな機構変革や法の改廃などをめざすものではありませんが、全体の調子と言葉遣いがこれまで見られなかったほど穏やかで国際協調的であることに驚きました。レーガン政権やブッシュ（子）政権よりは、クリントン政権の国家宇宙政策に近い言葉遣いです。米国の宇宙活動における目標も、私企業のインセンティブ促進、諸国が宇宙を責任ある態度で平和的に利用する権利を奨励すること、国際協力を主導・奨励し拡大すること、安全で安定した宇宙活動環境を作り出すこと、国家の重要な機能の保護を民生、商用、国家安全保障用宇宙機を使って向上させること、深宇宙での有人経済活動を拡大すること、全人類の生活の質を高めること、米国のリーダーシップを維持し高めること、です。米国のリーダーシップについては、目標の最後に言及されていました。

第３部　日本の宇宙政策

第1章　アメリカの長い影

ロケット開発の輝かしい歴史

ここまで世界各国の動向を見てきましたが、日本はどうなっているのか。現在の宇宙政策を理解するために、戦後の日本の宇宙開発の歴史を振り返ってみます。

連合国軍の占領が１９５２年に終了し、日本の主権が完全に回復すると、禁止されていた航空宇宙の研究がすぐに再開されました。54年には、57年から58年にかけて18カ月間開催される一大地球科学イベント、国際地球観測年（ＩＧＹ）に日本も参加するという目標が生まれます（ＩＧＹについては96ページ参照）。ＩＧＹの前身である国際極年に初回から参加し、特にアジア地区の観測で成果を挙げてきた日本は、戦後復興の一環としても是非、参加したいという強い意向がありました。特に第２次大戦中のドイツのＶ－２ロケットを契機に発展した観測ロケット（弾道軌道を描いて大気圏上層や宇宙空間の科学探査をするロケット）による上層大気観測がＩＧＹの観測項目の１つに加えられたため、ＩＧＹの準備会議に参加していた日本代表は、ロケット観測計画への参加を求めて文部省、学界、産業界などへの強い働きかけを行うようになりました。

１９５５年から東大生産技術研究所の正式の事業となり、糸川英夫博士を中心に観測ロケットの開発が始まります。文部省は、当時としては破格の１７５０万円の開発費を計上していましたが、これは、ロケット開発費としてはあまりに少額の予算であったことも確かで、糸川博士は23センチメートルという超小型の「ペンシルロケット」を用いて一連の水平発射打ち上げ実験を行いました。

試行錯誤を経て観測ロケット実用第1号κ（カッパ）－6型ロケットが完成するのは58年6月のことです。2号機は高度約50キロメートルまで飛翔し希望をつなぎましたが、ＩＧＹは57年7月1日から58年12月31日までの間です。この間に、上層大気の風・気温、気圧、宇宙線、太陽スペクトルの観測を行うことがＩＧＹの参加資格となりますから、観測データを十分に獲得するには、データ取得方法を工夫するとしても、上空60キロメートル程度まで観測ロケットを飛ばす必要があり、残された期間はそれほどありませんでした。58年9月12日になんとかＩＧＹ参加要件の資格を備えた観測データを取得することができました。その後、ＩＧＹ終了後の61年6月にはσ（シグマ）－4型ロケットで高度１１０キロメートルまでの宇宙線と気圧の観測を行うことにも成功しています。

繰り返しになりますが、ＩＧＹの期間中に観測ロケットの開発を間に合わせることができたのは、米ソ以外は英国と日本だけです。英国にはドイツから獲得したＶ－２ロケットの知識がありました。対照的に、敗戦国日本は占領期間中、航空宇宙の研究を禁止されていました。その中で、ぎりぎりの結果であったとはいえ、極端に不利な状況を卓抜な創意工夫によりはね返しこれだけの快挙を成し遂げることができた創造性、協調性、言い訳のない姿にこそ、日本の真価が発揮されていると勇気づけられます。

その後、日本は、１９７０年2月には、世界で4番目となる１００％国産技術の固体燃料ロケットλ（ラムダ）－４Ｓ型ロケットの打ち上げに成功しました。ロケットに搭載された24キログラムの小型衛星「おおすみ」は地球を7周、楕円軌道を描いて航行した後通信が途絶してしまいますが、デブリとなった後も地球を周回し続け２００３年8月に大気圏内に再突入して燃え尽きています。

日本のロケット開発は完全に自立した国産率１００％のものでした。しかし、日本の宇宙開発が真に自立的なものであったのはここまでです。

技術力向上を危険視した米国

初の衛星打ち上げから半年ほど前の1969年7月に「宇宙開発に関する日米協力交換公文」（以下「日米宇宙協力交換公文」）が結ばれ、米国の機密レベルには達しない液体燃料ロケットや民生通信衛星等の技術・機器を、米国企業から購入することができるようになりました。もっとも、米国からのロケット再突入技術の提供は、明文で禁止されています。

米国が日本に液体燃料ロケット技術を提供することにした理由は、大きく分けて2つあります。

1つは、米国の世界戦略に照らしミサイル拡散の危険を防止することです。日本の観測ロケットはIGY後も発展を続け、61年にはκ（カッパ）-9L型ロケット2号機で高度350キロメートル程度まで、65年には、λ（ラムダ）-3型ロケットの2号機で高度1000キロメートルまで到達するようになりました。そして弾道軌道を航行する観測ロケットがインドネシア（65年までに10機）やユーゴスラビア（63年に5機）に輸出されました。60年代初期には、国際的な科学協力のためにも、ロケット輸出は好ましいことと考えられていました。その頃はまだ、米国は例外としてロケットをミサイルと同一視して国境を越える移転を取り締まろうとする発想は一般的ではなかったのです。後に、ミサイルとロケットの輸出を厳格化するための米国主導の有志国グループ「ミサイル技術管理レジーム」（ＭＴＣＲ）が創設され、搭載能力が５００キログラム以上で３００キロメートル以上飛翔する物体は、原則輸出禁止となりますが、これは日本の観測ロケット輸出から20年以上経過した87年でした。

米国は、日本の観測ロケットの量産を２つの点で危険視するようになっていました。まず、日本が固体燃料ロケット技術を磨き、将来高性能弾道ミサイルを作り上げる可能性があったことです。そして、より現実的とされた危惧は、日本の観測ロケットが輸出先で中距離弾道ミサイルに転換されることでした。米国としては、ミサイルの拡散を防ぐためにも、日本がこれ以上固体燃料ロケット技術を向上させないことが急務でした。そのために解決策として、日本の主力ロケットをミサイル転換に向かない液体燃料ロケットとすることが適切だろうと考えました。

断念させられた自主開発路線

米国が日本に液体燃料ロケット技術を提供したもう１つの理由は、西側諸国の科学技術力の優位を世界に示すためです。1964年、中国が核実験に成功しました。米国は、中国の核兵器保有が共産主義体制の優位を示すことになるのを恐れ、西側陣営の日本がアジアで最先端の宇宙技術を持つ国となるよう援助することが、長期的に米国の利益に適うと判断しました。日本が宇宙開発でアジアのトップにたつことで、核武装の誘惑に駆られる可能性の芽を摘むことができるという考えもあったといわれています。

結果的に、日本は安価に先端宇宙技術を入手します。日本が自主開発していた固体燃料ロケットに比べ、液体燃料ロケットを用いると、より大型の衛星をより高い軌道に投入することが可能になります。日本はアメリカから液体燃料技術を提供されることにより、莫大な予算と試行錯誤の時間を使わずして、そのような大型ロケットを入手することが可能となりました。

1975年、宇宙開発事業団（NASDA）は日本初の液体燃料ロケットN－Iで技術試験衛星「きく1号」を高度約1000キロメートルに投入しています。

米国は弾道ミサイルの拡散を防ぐことができ、また、日本がアジアで最も宇宙技術開発の進展した国になることにより、自由主義体制の優越を目に見える形で示すことができました。

このように日米ともに得るものは大きかったものの、その過程で、日本は宇宙活動の重要な部分で、米国の同意を必要とすることとなり、宇宙開発利用の自由を大いに狭めてしまいます。

例えば、米国の技術を用いて製造された日本のロケットや衛星、それらの構成部分、部品などは、米国の同意なしに第三国に移転することを禁じられました。外国衛星を日本のロケットで打ち上げることも、米国の同意を必要とするようになりました。日本は、その後長く、米国の支配といわないまでも大きな影響下に置かれることになりました。

「宇宙の非軍事利用」を国会決議

1969年、日米宇宙協力交換公文が結ばれたのと同じ年に、日本はその後40年間、自国の宇宙開発利用を縛ることとなる国会決議を全会一致で採択しています。

日本の実用宇宙開発を担うことになる特殊法人宇宙開発事業団（NASDA）を設置する法案審議中、いかにして日本の宇宙開発利用を非軍事にとどめるのか、ということが重要視されたのです。

すでに発効していた宇宙条約（1967年）を含め、国際的には「平和目的の」宇宙利用とは、防衛目的の軍事利用を含むという了解がありました。そのため、宇宙開発事業団法で、日本の宇宙開発は「平和の目的に限り」（第１条）と規定しただけでは軍事利用の防止には不十分であるとされ、非軍事利用が平和目的の利用であることをより明確化する手段として、69年５月９日（衆議院）、６月13日（参議院）に、宇宙開発利用は「平和の目的に限り」これを行うこととする、という国会決議が採択されたのです。「非軍事利用に限る」とは記載されていませんが、当時の国会議事録には、国会決議でいう「平和利用」は「非軍事利用」であるという発言が残されています。

米国の圧力で停滞した衛星産業

「日米宇宙協力交換公文」の終了後も、１９７９年と80年にそれぞれ、国産ロケット開発のための機器・技術を米国企業から輸入する口上書が、69年の交換公文とほぼ同様の条件で締結されました。それにより、Ｎ－Ⅱロケット、Ｈ－Ⅰロケットという大型ロケットを開発することが容易になりました。この時期は官民協力が順調で、90年までに政府やＮＨＫなどが利用する通信衛星、放送衛星、気象衛星を３つの企業に４機ずつ発注し、全12機を開発・運用しています。政府は来るべき宇宙ビジネスの時代に備え、実力を涵養しようとします。応えて、企業は同型の実用衛星を繰り返し製造することにより、次第に能力を高めていきます。80年代後半に入ると米欧では宇宙の商業利用が離陸しはじめます。それは90年代以降、中国、インド、カナダなどに広がっていきますが、日本も実用通信衛星の輸出やロケットの打ち上げサービス提供などを目指して進んでいた時代です。

表面的には、官民協力で順風満帆に日本の宇宙開発利用を進めていった時代といえるかもしれません。しかし、日本がバブル経済に突入し、日米貿易摩擦が激しくなると、日本をライバル視する米国からの制約が課されるようになってきました。

90年、貿易摩擦調整の一環として「日米衛星調達合意」が結ばれます。この合意は、政府やNHKなどが調達する研究・開発以外の衛星と、軍事衛星を含む安全保障専用衛星以外の衛星を対象として、これらは国際公開入札にかけなければならない、という内容のものでした。しかも無期限とされました。日本には軍事衛星はありません。したがって、科学研究や探査以外のすべての衛星（通信・放送衛星、気象衛星などの実用衛星）が、国際公開入札の対象とされたのです。国際公開入札で日本の企業は米国の衛星製造企業に太刀打ちできるはずはありませんでした。

その後の２０１５年ごろまでの動きをみると、政府等が調達した実用衛星13機のうち12機は米国から購入したものでした。気象衛星１機のみが国内企業によって受注されています。官民協力の下、１９９０年以前に12機の受注を日本企業が得ていましたが、それ以降の12機は米国企業から購入することとなったわけです。

90年代に、米欧のみならず、ロシア、中国、インドが宇宙ビジネス市場に参入してきました。そんな中、日本の衛星産業は、他国にはない公開入札制度の壁に阻まれ、出遅れていくことになります。

ロケットについては、政府は85年までに、完全自主開発の大型液体燃料ロケットＨ－Ⅱの開発を決意します。そして、Ｈ－Ⅱロケットの打ち上げは94年に始まりますが、最後まで１００％国産技術とはいえない部分がありました。完全な国産大型ロケットＨ－ⅡＡの打ち上げは21世紀に入ってからのこととなります。

第2章　テポドンミサイルの衝撃

宇宙技術は、原子力やAIなどと比しても汎用性が高いといえます。たとえば、精確なミサイル誘導を可能にする測位航法衛星の信号は、同時にカーナビや携帯電話での位置情報データとして広く国民生活に浸透しています。

「非軍事利用」の再定義

国会決議で宇宙の平和利用は非軍事利用と解釈することになっていたため、1980年代に入ると、なにが宇宙の非軍事利用なのかをめぐっての議論が絶えなくなっていきました。たとえば、①自衛隊が日本政府の通信衛星回線を利用すること、②米海軍との共同訓練のために米通信衛星の受信機を予算計上すること、③防衛目的の軍事利用もあり得る国際宇宙ステーション（ISS）構想に日本が参加することなどが次々に国会で問題視されるようになりました。ISSはあくまでも平和利用、民生利用が目的ですが、国際水準の解釈は平和利用＝非侵略（自衛権の範囲内の軍事利用）です。しかも、最も宇宙の軍事利用が進む米国が主導する計画であったため、ISSの建設・運用に参加することになると、日本は宇宙の軍事利用に手を貸すことになるのではないか、という危惧が表明されたのです。

そこで内閣は、１９８５年に「政府統一見解」を出し、宇宙の平和利用＝非軍事利用の範囲を明確化することで、非軍事利用を再定義しました。それは次のような内容です。

①自衛隊が衛星を直接、殺傷力、破壊力として利用することを認めない。
②利用が一般化しない段階での自衛隊による衛星利用を制約する。
③利用が一般化している衛星およびそれと同様の機能を有する衛星については、自衛隊による利用が認められる。

このように、利用が国民生活に浸透し、一般化していれば、もはや軍事利用ではありえず、非軍事利用＝平和利用である、という解釈になっています。これは「一般化理論」などと呼ばれることもあります。当時、一般市民も通信衛星の回線を使って電話やファクスを利用し、テレビの衛星放送を楽しんでいました。そこで、自衛隊の米通信衛星の受信機利用は宇宙の平和利用の範囲となります。また、日本企業が自由に購入できるような米国やフランスの高分解能のリモートセンシング画像を自衛隊が利用すること も、同じ理屈で国会決議違反ではないことになります。しかし、自衛隊が専用の通信衛星や偵察衛星を持つことは禁止されたままです。

テポドンで決断した情報収集衛星保有

1998年8月31日、日本上空を飛翔した後、太平洋側に着弾した北朝鮮のテポドンミサイルは、非軍事利用のみが平和利用であるとする日本の政策を変える原点となったといえます。

日本の安全保障が直接的に脅かされている事実を目の当たりにし、政府は同年中に情報収集衛星の保有を決めます。自衛隊は衛星保有を禁止されていますから、内閣が所有・運用するという仕組みを取りました。

実のところ、導入を決めた時点では、情報収集衛星が「一般化理論」の範疇におさまると言い得るのか、微妙なところがありました。98年当時、市場で販売されている画像で最良の分解能は2メートル程度だったからです。内閣が保有しようとする情報収集衛星が目指した分解能は1メートルです。国民生活に深く浸透し、市場で自由に取引できることは言いがたい面がありました。

　しかし、２００３年に初号機打ち上げを予定していたため、それまでには、分解能１メートルの画像が市場で売買されるであろうという予測と、「一般化理論」にある「利用が一般化している衛星およびそれと同様の機能を有する衛星」という基準の「同様の機能」という部分に着目し、開発計画にゴーサインが出されます。このことは、情報収集衛星の機能・能力という面でぎりぎり「一般化理論」に合致すると解釈することができるかもしれません。しかし、北朝鮮の脅威に対応するという情報収集衛星の主たる目的を考えると、この時点で「一般化理論」は破綻した、と振り返ることもできると思います。最初の情報収集衛星２機（光学、レーダー各１機）は、２００３年3月28日に、完全国産ロケットであるＨ－ⅡＡ５号機により打ち上げられました。

　そして同年の12月、他国からの弾道ミサイル攻撃に対処するための、弾道ミサイル防衛システムの導入が決定されましたが、迎撃ミサイルの使用が宇宙の軍事利用に該当するのではないか、というような議論は国会で一切なされませんでした。イージス艦に搭載した迎撃ミサイルの運用は高度１８０キロメートル程度のところで行います。国際法上、高度何キロメートルから宇宙となるのかは決まっていません。しかし、衛星が安定して地球を周回できる高度は宇宙空間とみなすのが妥当であろう、という考え方はかなりの支持を集めていました。米国の軍事偵察衛星は地球近地点が160キロ程度の軌道で運用され、一時的にはもっと高度を下げて敵の動きを確かめます。2017年に打ち上げられた日本の超低高度衛星技術試験機「つばめ」は、最低167・4キロで運用されました。宇宙の非軍事利用を貫徹するのであれば、本来はこの点が国会で議論されても不思議ではない案件でした。

しかし、ミサイル防衛については、宇宙の非軍事利用との齟齬が国会で議論されることはありませんでした。自衛権の要件に合致するかどうかという点から議論され、日本の自衛に必要なシステムであることが議論の中で合意されています。

「宇宙基本法」制定で「普通の国」に

ここから先は、現実に合致せず、合理的な利用の説明が不可能となった、非軍事利用要件をどう消滅させるかの問題にすぎませんでした。2008年5月、福田康夫政権下で党派を超えた議員立法により制定された「宇宙基本法」は、その第2条で以下のように規定することによって国際標準に近い宇宙の平和利用を定義しました。

「宇宙開発利用は、月その他の天体を含む宇宙空間の探査及び利用における国家活動を律する原則に関する条約等の宇宙開発利用に関する条約その他の国際約束の定めるところに従い、日本国憲法の平和主義の理念にのっとり、行われるものとする」

傍線を引いた長い名称の条約は、通称「宇宙条約」（１９６７年）のことです。国連で採択された５つの宇宙関係条約のうち最も重要なもので、「宇宙の憲法」と称する人もいます。

第２部でも触れましたが、宇宙条約の定める平和利用の具体的内容（４条）は、①宇宙空間（宇宙全体から天体を除いた真空部分）に大量破壊兵器を配置することは禁止、②天体上の軍事利用禁止にとどまります。

つまり、宇宙空間に通常兵器（大量破壊兵器以外の兵器）を配置することや、核兵器搭載の弾道ミサイルが宇宙空間を単に通過することは、宇宙条約では禁止されてはいないということになります。

従って、宇宙条約等にのっとることにより、日本もこれまでの宇宙の非軍事利用のみを平和利用とする解釈を脱し、国際基準を前提としつつ、そこに憲法上の制約――2008年当時は、集団的自衛権の行使は不可能とされていました――を加えた形での宇宙の防衛利用、安全保障利用が可能になりました。

これにより、約40年間続いた宇宙の非軍事利用＝平和利用という考え方を脱し、防衛的な宇宙利用は宇宙の平和利用である、という「普通の国」の解釈を採用することになりました。宇宙基本法は、日本の宇宙政策に最大の転回点を提供したといえます。

宇宙基本法がもたらしたこの変化により、まだ数は2機にとどまるとはいえ、防衛省自身が衛星を所有することが可能となりました。そして、それは、2018年12月18日に国家安全保障会議および閣議で決定された新しい防衛大綱での「宇宙・サイバー・電磁波」といった新たな領域を活用した日本防衛の考え方につながっていくことになるのです。また、この防衛大綱により、宇宙作戦隊（当面は20人、22年度には100人体制）の新設も決まり、将来は米国の宇宙軍との協働も視野に入っています。

第3章　第4次宇宙基本計画を読み解く

内閣の戦略本部が司令塔に

宇宙基本法（２００８年）は、宇宙の平和利用解釈を変えただけではありません。宇宙基本法に基づき、内閣に設置された宇宙開発戦略本部（首相が本部長）が、日本の「宇宙開発利用に関する施策の総合的かつ計画的な推進を図る」（24条1項）ために「宇宙基本計画」を策定することになったのです。

これにより、文部科学省＝宇宙研究開発全般、内閣＝情報収集衛星、総務省＝通信衛星、国土交通省＝気象衛星・交通管制、経済産業省＝宇宙ビジネスというような、縦割りに政策を決定し宇宙活動を行っていた時代は終わりを告げました。これからは、内閣の宇宙開発戦略本部が司令塔となり、機動性をもって政策を定め遂行する態勢が整ったのです。これまでの基本計画を簡単に振り返ってみます。

第１次宇宙基本計画（２００９年）は、開発から利用への方向転換を目指しました。これは、先に紹介した日米衛星調達合意（１９９０年）による宇宙産業への打撃も関係しています。

日米衛星調達合意では、研究・開発衛星以外の衛星（いわゆる実用衛星）と安全保障衛星（当時の日本の政策では製造不可能）以外は公開入札制度のもとに置かれ、日本企業が事実上落札できなくなっていました。そのような状況で可能な方策として、宇宙航空研究開発機構（ＪＡＸＡ。２００３年以前はＮＡＳＤＡ）は、１機ごとに性能の異なる研究・開発衛星の開発にいっそう力を入れ、その製造を企業に発注することにより、日本の宇宙技術基盤の維持を図ってきました。そのため、１９９０年からの20年間近く、日本は最先端技術ミッション機器を搭載した衛星は製造できるが、継続が重要な同型の通信衛星や地球観測衛星などの実用衛星を製造・運用する経験が不足し、それが宇宙の商業利用拡大の妨げとなっていました。また、日本では宇宙の軍事利用が禁止されていたため、企業は政府が獲得した宇宙軍事技術からのスピンオフ技術の利用ができず、民間が軍事衛星製造や打ち上げを受注することによる宇宙産業基盤の確立もかないませんでした。

第１次宇宙基本計画で、過去20年間の遅れを取り戻すべく宇宙の実利用拡大に舵を切り、その後に改定された、第２次宇宙基本計画（２０１３年）では、①宇宙の実利用のいっそうの拡大とともに、②日本が必要とするときに必要な衛星をすぐに打ち上げ、運用することができるように確保する、という意味での「自律性の確保」が強調されました。

工程表をネットで公表した第3次計画

２０１５年１月９日に宇宙開発戦略本部が決定した第３次宇宙基本計画（今後20年を見据えた10年間の計画）は、現行の第４次計画（20年）につながるものです。前の２回とは異なり、第３次計画は１回文書を出したらおしまい、というものではなく、毎年工程表を改定し、それをインターネット上で公表しています。工程表とは、第３次宇宙基本計画に記されている53の施策のそれぞれについて、①25年までの成果目標、②当該年度末までの達成状況や実績、③翌年度以降の取組、について記したものです。

成果目標は、宇宙基本計画で定めたものから変わりませんが、例えば新しいロケットや衛星の打ち上げは、さまざまな要因に左右されますから、予定通りにいかないこともあれば、前倒しになることもあります。達成状況を記し、今後に向けて計画を修正していくことは、所期の目標達成に必要な作業です。

工程表をインターネットで公表することにはメリットがあります。例えば、国連などは、各国の宇宙政策の情報公開と発信を推奨しています。日本もどのような発想と計画の下、何をしているかを示すことにより、各国からの信頼が向上します。世界的にも米国の国家宇宙政策（大統領が代わるごとに1、2回策定）、中国の宇宙白書（5年に1度公表）、EUや欧州各国、豪州などが公表する宇宙政策、宇宙戦略も同じ目的により、インターネットで公表されています。

インターネットでの工程表公表はまた、特に日本の産業界への予見可能性向上に資することにもなります。宇宙ビジネスに携わる企業は、政府衛星やロケットの開発期間、打ち上げ時期、衛星の運用年数等の最新情報が明記されると、受注を目指して投資や雇用などの計画が立てやすくなります。そのため、工程表の作成、公表は宇宙産業促進支援の1つの方法である、という考え方もあります。

宇宙を「戦闘領域」と記した第4次計画

第3次計画は、10年間の計画として作られたので、2024年まで使われる可能性もあったのですが、想定した以上に国際環境の変化が著しかったこと、また、第3次計画の目標がそれなりにかなえられたという評価もできたので、第４次計画は、新たな目標、新たなアプローチで作られました。この第４次もまた、やはり今後20年を見据えた10年間の計画になっています。

国際環境の変化として最も重要なのは、宇宙の安全保障環境がいっそう悪化し、脅威が増大しているという点です。そのため、宇宙安全保障の確保が今まで以上に重要となりました。米国の国家宇宙戦略（18年）では、宇宙は「戦闘領域」となったと宣言され、ＮＡＴＯ外相会議では、宇宙を「作戦領域」（19年）と位置付けました。米国の宇宙軍（19年）やフランスの宇宙司令部（19年）をはじめ、最近、各国で宇宙での不測の事態に備える動きが活発化しています。

第４次宇宙基本計画前文でも、宇宙が「戦闘領域」とみなされる時代となったことに言及していますが、宇宙基本計画で「戦闘」という言葉が使われたのは初めてのことです。それだけ世界の安全保障、そしてその一部である宇宙安全保障が揺らいでいる証拠といえるでしょう。

4つの目標と24の施策

では、第4次宇宙基本計画の内容を詳しく見ていきます。

第3次では、53の具体的な施策について工程表を作成していましたが、第4次では、より大きな項目で分類し、24の施策に絞りました。そして、これは宇宙基本計画での4つの目標それぞれを実現するための施策と、それらの実現を支えるものとして、産業・科学技術基盤など総合的基盤の強化のための施策、という構造になっています。

4つの目標とは、①宇宙安全保障の確保、②災害対策・国土強靱化や地球規模課題の解決への貢献、③宇宙科学・探査による新たな知の創造、④宇宙を推進力とする経済成長とイノベーションの実現です。その中でも、「宇宙安全保障の確保」に9つという最大数の施策が振り分けられていることからも宇宙安全保障確保の重視が見てとれるかもしれません。9つの施策とは、具体的には、①準天頂衛星システム、②Xバンド防衛衛星通信網、③情報収集衛星、④即応型小型衛星システム、⑤各種商用衛星等の利活用、⑥早期警戒機能等、⑦海洋状況把握、⑧宇宙状況把握（SSA）（SSAを防衛省は「宇宙状況監視」といいますが、内閣府や文科省などは「宇宙状況把握」とよびます。本書では、特に必要がない限り、「宇宙状況監視」を使用）、⑨宇宙システム全体の機能保証強化となります。

９つの施策とはどういうものなのか、いくつか例を挙げます。まず、２０１８年11月に４機体制でサービスを開始し、23年度を目途に東南アジアやオセアニアの一部も含む持続測位が可能な７機体制の完成をめざす日本版ＧＰＳ「準天頂衛星（『みちびき』）システム」についてです。準天頂衛星５号機（23年度打ち上げ予定）に、米国の宇宙状況監視（ＳＳＡ）センサーを搭載する（これを「ホステッド・ペイロード」とよびます）ことにより、抗堪性を高めることを目指します。第３次宇宙基本計画以来の計画でしたが、日米同盟の急速な深化により実現しました。現在すでに、内閣府、外務省が中心となり、６号機、７号機にも米国のＳＳＡセンサーを搭載するよう米国と調整することになっています。この施策によって、さらにその価値が高まる準天頂衛星を守るための宇宙機器やシステムの開発などに民間が乗り出すということも十分考えられ、ビジネス振興の一助となり得ます。

次に、日本では唯一の公式の軍事衛星Ｘバンド防衛衛星（「きらめき」）通信網は、２０２２年度までに３機体制を完成させる計画は変わりません。機数自体が少ないがゆえに、より衛星網の抗堪性を高めることが重要であり、主として防衛省が抗堪性強化を担うこととなっています。

３番目に挙げた施策、北朝鮮のテポドン発射（１９９８年）を契機として開発された情報収集衛星は、当初は４機体制を目指していましたが、現在、10機体制の確立に向けて努力を続け、２０２０年11月にはデータ中継衛星初号機が打ち上げられました。29年度までに光学、レーダーのそれぞれ基幹衛星と撮像頻度を上げるための相対的に安価な小型衛星、追加のデータ中継衛星を打ち上げ、10機運用体制を図ります。

そして、準天頂衛星、Ｘバンド通信衛星、情報収集衛星ともに、抗堪性を備え、かつその機能が間違いなく発揮されることを請け負うという意味での「機能保証」を強化するために必要な施策を講じることになっています。

第4章　宇宙作戦隊とはなにか

今起きている「スター・ウォーズ」の現実

２０２０年5月18日、宇宙領域専門部隊として、航空自衛隊に宇宙作戦隊が新たに編成されました。今後、23年度の本格運用を目指して、さしあたって20名程度の人員で、宇宙航空研究開発機構（ＪＡＸＡ）や米国などと協力して任務を遂行していくことになります。

宇宙作戦隊は、日本の衛星、特に防衛目的で運用される衛星システムの周辺に不審な衛星が接近してこないか、また、スペースデブリと衝突しそうになっていないか、などを検知するための宇宙状況監視（ＳＳＡ）に従事します。仮に物理的な攻撃や永続的もしくは一時的な機能破壊を受けたときにはどう対処すべきか、ということは今後検討すべき課題ですが、いずれの国も、国際法に合致した対抗措置（countermeasures）（一言でいえば「報復」）を行うことはできる、という点では合意しています。

他国によってなされる行為が物理的破壊を伴う対衛星攻撃（ＡＳＡＴ）までいけば武

力行使となり違法であるのは明らかですが、問題は電波妨害（ジャミング）などにより「干渉」（intervention, interference）に該当するような一時的な機能喪失が生じた場合です。軍隊間で日常的に行われているのであればそもそも国際法上の違法行為と認定されるのかも不明瞭です。これは国際法形成の待たれる分野です。

ところで、なぜ、宇宙作戦隊が新編されることになったのでしょうか。この点を考えるために、まず、近年に宇宙空間で起こっている、「スター・ウォーズ」の現実をふりかえってみたいと思います。

現在、もっとも気になるのが中国とロシアの動向です。他国の衛星を監視するために、ストーカー行為をはたらく衛星があります。２００８年以降中国の、そして２０１０年代半ばからはロシアの不審衛星が、米国の重要な軍事衛星と同一軌道に入り、長い時には数カ月間接近して監視を続け、標的衛星の能力の把握を行うようになったという事態が起こっているのです。その先には、対衛星攻撃（ＡＳＡＴ）も視野に入ってきます。

中国のストーカー衛星問題

２００７年１月に中国が行った対衛星攻撃（ＡＳＡＴ）実験は衝撃でした。自国の老朽化した気象衛星に対してミサイル攻撃を加え破壊したため、３３００以上の破片（スペースデブリ）が軌道上に放出され、この実験が高度約８６５キロで行われたことにより今後1世紀は軌道上にデブリが滞留することが予想されます。このことは、世界でデブリへの懸念と、中国への不信が高まった事件でありました。１９８６年以降、米ソ（ロ）間では、物理的破壊を伴うＡＳＡＴ実験は行われていなかったので、世界は二度とこの方向には進まないと楽観視しているところがありました。しかし、中国の実験で、その期待も潰えてしまいました。いざというときに他国の衛星を破壊するという選択肢を手放していない国が21世紀に出現してしまったことで、宇宙空間での戦闘が始まるかもしれないという懸念が国際社会に広がったのです。

その後、物理的破壊を伴う実験を中国は行っていません。しかしＡＳＡＴ実験をやめたわけではありませんでした。２００８年以降、運動兵器、レーザー兵器、ロボットアームなどさまざまな兵器を搭載したＡＳＡＴ衛星を開発しています。そして、標的とする外国衛星とほぼ同一の軌道に入ってストーカー行為をし、攻撃のシミュレーションを行ってきたことが確認されています。

具体例をみていきます。08年9月には、中国は小型衛星を国際宇宙ステーション（Ｉ

ＳＳ）と同軌道に打ち上げ、ＩＳＳに45キロという距離まで近づく実験を行いました。また、10年６月には実践12号衛星を打ち上げ、自国の実践６Ｆ号衛星に軽く衝突、あるいは結合させ実践６Ｆ号の軌道位置を変えたといいます。さらに、13年７月20日には創新３号、試験７号、実践15号の３機の衛星を同時に打ち上げ、ロボットアームを搭載したそのうちの１機が他の２機のうちの１機を捕獲したともいわれています。

14年７月23日に、中国が自国の地上配備型弾道ミサイルを高度約３万６０００キロの静止軌道上衛星も狙うことが可能な軌道に発射した実験について、米国メディアはＡＳＡＴ実験であると報道しました。中国はそれに対して、ＡＳＡＴではなくミサイル防衛実験だったと回答しています。安価で高性能なＡＳＡＴ兵器といえる弾道ミサイルを用いて、宇宙に定める目標地点に迎撃すれすれのところまで接近させ通過させる行為は、はたしてミサイル防衛実験といえるのでしょうか。これがＡＳＡＴ実験なのかどうかは、状況証拠によって判断するしかありません。しかし、この実験で中国の弾道ミサイルが描いた軌道に向けて発射する弾道ミサイルを保有する国は存在しない、という専門家の一致した評価からいえば、ＡＳＡＴ実験であったと考える方が合理的といえそうです。それ以前、13年５月13日にも中国は静止軌道近傍に向けて弾道ミサイルを発射しており、米国は静止衛星に向けたＡＳＡＴ実験の可能性を疑っていました。

ロシアの「マトリョーシカ」衛星

ロシアもストーカー衛星を用いた実験を、中国にやや遅れて実施し始めました（１１８ページ参照）。ロシアの場合は中国と異なり、自国の活動について逐次公表することが多く、婉曲な表現ながら、対衛星攻撃（ＡＳＡＴ）実験の一種であることを示唆する場合もあります。

ロシアのＡＳＡＴ兵器は、その形態から「マトリョーシカ」衛星とでもいい得るものが多くあります。最近の興味深い例を挙げてみます。

２０１９年11月25日に打ち上げられた軍事衛星コスモス２５４２は、12月６日に子衛星コスモス２５４３を放出しました。その後、親衛星コスモス２５４２は、米国の軍事偵察衛星ＵＳＡ－２４５の軌道に接近し、数カ月近傍を飛行し続けました。ＵＳＡ－２４５もしばしば軌道を変えて監視を回避したにもかかわらず、20年１月23日には２機は、それぞれの衛星が地球を一周する速度が約１秒しか違わないところまで接近したとされています。６月になると子衛星は、自国の軍事衛星コスモス２５３５（19年６月打ち上げ）と同一軌道に入り接近して飛行を続け、6月17日には2つの衛星は、間隔100メートルまで接近する形で軌道を周回したと報告されています。

さらに7月15日には子衛星は、孫衛星かまたは何らかの物体を放出し、それを自国の他の衛星に向けて発射したことが米国人研究者により確認されています。ただし、物理的破壊はみられなかったといわれています。

「宇宙状況監視」（SSA）が当面の任務

宇宙がこうした状況にあるときに、日本の衛星が中国やロシア、またはテロリストからひとたび狙われたら「攻撃」を免れることができるとはとても考えられません。その懸念が、宇宙作戦隊の創設につながっています。

宇宙作戦隊というと宇宙での戦闘行為を任務とするかのようなイメージが浮かぶかもしれませんが、ここまで見た通り、宇宙で戦闘が行われたことはまだありません。宇宙を対象とする軍事組織も、独立した宇宙軍をもつ国、空軍内に宇宙部隊をもつ国、ミサイル部隊が宇宙も管轄する国など、さまざまです。これら宇宙軍事を担当する部門で共通するのは、宇宙状況監視（SSA）が当面の主たる任務になっていることです。具体的には、①どの国が、②どこに、③どのような機能をもつ衛星などの物体を運用しているのかを監視すること、④それが自国の軍事的な脅威なのかどうか、⑤脅威であるとすればどの程度の脅威なのか、ということを評価することにあります。

日本の宇宙作戦隊でも、これが任務の出発点となります。それでは、その任務はどのように遂行されているのでしょうか。

監視の方法は、一般的には地上に設置した光学望遠鏡（静止軌道を監視することが多い）とレーダー（低軌道を監視）を用いて行われています。米国などＳＳＡ衛星を運用できる国では、ＳＳＡ衛星が自国の重要な軍事衛星の周辺を航行し、不審衛星や危険な物体が近づいてこないかを監視していますが、これはわずかな数しかありません。

最も完備された米国の統合宇宙軍

世界で最も完備した宇宙状況監視（ＳＳＡ）システムをもつのは、２０１９年８月に創設された米国の統合宇宙軍（ＳＰＡＣＥＣＯＭ）です（米国でＳＳＡを担うのは、同年12月に新編された宇宙軍ではなく、統合宇宙軍）。統合宇宙軍は米戦略軍（ＳＴＲＡＴＣＯＭ）を改組した組織であり、それ以前は、戦略軍がＳＳＡを担当していました。

日本を含めて同盟国や友好国の政府機関や企業は戦略軍／統合宇宙軍とＳＳＡ協定を結び、宇宙状況のデータを取得し、交換条件として、自身の衛星運航状況データを戦略軍に提供していました。

米国は、同盟国、友好国とともに宇宙監視ネットワーク（ＳＳＮ）を築きあげており、それはさまざまな地域での30以上の光学望遠鏡、レーダーで構成されています。そして米国が運用する衛星としては、米軍の宇宙配備宇宙監視衛星（10年打ち上げ）や宇宙状況監視計画衛星（14年、16年に2機ずつ打ち上げ。現在4機体制。21年中にさらに2機打ち上げ予定）、かつて米空軍のミサイル防衛システムに用いていた宇宙追跡監視システム衛星（09年に2機を同時打ち上げ）の3種類が公表資料から確認されています。カナダの防衛省が運用するサファイア衛星（13年打ち上げ）からも、ネットワークに情報が提供されています。

宇宙の監視自体は第2次大戦後、常に行われていました。１９６１年6月には、すでに米空軍は、北米航空防衛司令部（ＮＯＲＡＤ。現北米航空宇宙防衛司令部）や海軍宇宙監視システムなどを用いて１１５機の宇宙物体の大きさ、軌道、任意時刻における物体の位置を確定し、物体に番号をつけて記録しています。これをカタログ化といいますが、このカタログの情報のうち、すでに機能しなくなっている物体の情報がスペースデブリ情報ともなります。ＮＯＲＡＤの主要な業務は、かつてはソ連の発射する弾道ミサイルの監視でしたが、冷戦後、次第に宇宙物体の監視に重点が移っていきました。

宇宙監視ネットワークの重要な構成要素となっている宇宙追跡監視システム衛星も、国防総省のミサイル防衛局が09年に打ち上げた衛星です。その2年後、ミサイルではなく地球周回物体を監視するために、その任務は空軍宇宙司令部に移管されました。地上からの監視では、静止軌道近辺の不審な物体の詳細な状況までは観察しきれないので、宇宙から静止軌道を監視することにしたのだろうと考えられます。

そして近年では、宇宙での台頭著しい中国に対する監視の目が強化されていることはいうまでもありません。ストーカー衛星の出現により、米国の統合宇宙軍の存在と役割は非常に重要なものになっているのです。

ＳＳＡは民間活動にとっても重要

ところで、宇宙の監視任務が中心であれば、天体観測の実力がある国ならば宇宙作戦隊をすぐにでも創設できるということになるのでしょうか。そうであると答えても間違いではないところに、原子力やＡＩなどと比べても汎用性が高いという宇宙利用の特色が存在するといえます。とはいえ、概して宇宙の軍事利用にこれまでまったく縁のなかった国で、天体観測の実力が突出しているという国はほとんどありません。

天体観測の実力がある国は、強い軍隊をもち、軍事衛星の保有数なども多い場合が一般的です。例外であるのは、宇宙の平和利用にこだわった日本だけ、といえるかもしれません。そして日本には、民生での天体観測では技術的に他国にひけをとらない能力があります。

しかし、宇宙作戦隊の中心任務としての宇宙状況監視（ＳＳＡ）は、もともとは軍事用語です。米国防総省の軍事用語辞典は、ＳＳＡを「宇宙作戦を遂行するために必要な宇宙物体や作戦環境についての知識」と定義し、宇宙作戦が前提とされています。軍事ＳＳＡの重要な任務は、不審衛星を発見し、その軌道や衛星の機能、性能をできるかぎり判定し、必要に応じて自国衛星を守る行動に出ることです。こうした反撃態勢を整える動きは、米国以外の国でもみられるようになってきました。フランスの国防大臣は、２０１９年７月、自国の重要な衛星の周辺に護衛のための小型衛星を配置する、さらに重要な衛星が攻撃されそうになったときには護衛目的の衛星がレーザーその他の手段で反撃に出るという方向に向けて機器の開発を進める、と宣言しました。フランスは、同年９月１日に宇宙司令部を２２０名体制で空軍内に創設しており、近い将来、空軍は航空宇宙軍と名称を変える予定もあります。フランスも軍事ＳＳＡに基づく反撃へと舵を切ったといえるでしょう。

しかし、同時に、宇宙をとりまく現在の状況でいうと、ＳＳＡは軍事領域だけの問題ではなくなっているのが実情です。というのも、衛星運用者の増加が著しいからです。２０２０年12月現在、国連宇宙物体登録簿に衛星登録を行う国は63カ国で、国のほかに２つの国際組織、欧州宇宙機関（ＥＳＡ）と欧州気象衛星開発機構（ＥＵＭＥＴＳＡＴ）も衛星登録を行っています。国連に衛星を登録しない国も15カ国程度はあるでしょう。さらに国だけでなく、ますます多くの企業や大学・研究所が大小さまざまの衛星を運用しています。そのため、どこにどのような宇宙物体が飛翔しているかという情報は、軍事コミュニティ以外でも宇宙の安全な利用の問題として、多くの活動主体に必要とされるものとなっています。

現在では、軍事目的の利用に加え、宇宙機の運用に影響を及ぼす太陽活動や、地球近辺に飛来する隕石や彗星など地球接近天体（ＮＥＯ）のような自然の脅威も監視対象に含めてSSAと理解する場合も少なくありません。むしろ、そちらの方が一般的になっているといってもよいかもしれません。そこで、宇宙観測の総合力が重要となってきますが、その点では、日本の実力には侮れないものがあります。また、今後、民用・商用の宇宙利用のためのSSAビジネスの発展が考えられます。そのためには、宇宙作戦隊とJAXA、その他民間企業などとのバランスのよい観測体制の整備が求められることとなるでしょう。既に経産省は、民間SSAビジネスの育成に向けて動いています。

SSAデータ網の構築

第3次宇宙基本計画が開始された直後の2015―16年度には、宇宙状況監視(SSA)能力の具体化のための調査研究や、米戦略軍との連携強化の在り方についての検討が始まりました。

日本のSSAのための観測は、岡山県に所在する美星(びせい)スペースガードセンターと上齋原(かみさいばら)スペースガードセンター(かつては日本宇宙フォーラム所有。現在、JAXA所有)で行われてきました。それぞれ光学望遠鏡とレーダーを備えており、JAXAが中心的な役割を担ってきました。

最近までは、安全保障目的の観測という意識ではなく、天文学研究や宇宙の安全な利用のためのデブリ観測、地球接近天体（ＮＥＯ）観測として行われてきました。それが、日本の衛星を狙って怪しげな軌道を通過し、日本衛星のミッションをストーカー行為のように監視し、時には攻撃を仕掛けようとする物体を観測し同定する、ということまでが任務になるとは想像していなかったことでしょう。そして、その任務のために要求される望遠鏡の性能やデータ解析能力は、デブリやＮＥＯの観測に比べてはるかに高いものです。

前述のように、宇宙が戦闘領域と認識されるようになり、安全保障上の懸念がますます高まると、多くの国や企業は、米国戦略軍／統合宇宙軍との間で米軍の提供可能なデータを得る代わりに、自らの持つデータを提供するＳＳＡデータ共有協定を締結するようになりました。

２０１９年4月、ルーマニア宇宙機関が米戦略軍と締結した協定は、その１００番目のものでした。米戦略軍も、外国や国内外の企業・団体と次々に協定を結び、データをより完全なものとしていこうと努めています。

それはなぜかといえば、どのような宇宙物体がどの軌道に位置しているかの運航状況を精確に把握しているのはその運用者だけであり、より多くの活動主体からの情報を集積することができると、データはより精度の高いものとなるからです。こうしたデータは安全保障に直結する以上、米国が結ぶ１００を超える協定の中に、ロシアや中国とのデータ共有協定はありません。

日米宇宙協議の開始

２００８年に成立した宇宙基本法によって、宇宙の防衛目的での利用が可能になると、日米政府間の協力に弾みがつきました。08年の日米宇宙政策協議では、まだ安全保障分野は除外されていましたが、09年11月の日米首脳会談で宇宙における安保協力の推進が合意され、翌年９月から安全保障分野における日米宇宙協議が定期的に実施されるようになりました。

包括的宇宙対話は13年以降、ほぼ毎年開催されています。

内閣に設置された宇宙開発戦略本部が13年1月に、第2次宇宙基本計画を決定した時点では、宇宙開発利用の基本的な方針は「宇宙利用の拡大」と「自律性の確保」であって、いまだ正面から宇宙の安全保障利用が入ることはありませんでした。しかし、「宇宙を活用した外交・安全保障政策の強化」という項目の中で、世界の主要国で「安全保障分野での宇宙の利用が進められており、我が国においても対応を検討する必要がある」とされました。

あわせて、12年の宇宙航空研究開発機構（ＪＡＸＡ）法の改正（４条）により、ＪＡＸＡの活動も、防衛目的の平和利用までを含むようになります。これにより、ＪＡＸＡは積極的に防衛省を含む省庁や民間事業者の要請にも応えられるようになりました。ＪＡＸＡと防衛省がＳＳＡで協力をする法的な基盤は、この時点までに整ったのです。

「抗堪性」を日米両国で追求する

宇宙空間の安全保障に関して極めて重要な日米の協調は、より具体的に深化していきました。２０１２年４月の日米首脳会談の成果文書では、民生・安全保障の両分野の宇宙協力項目を具体的に定め、宇宙に関する包括的対話を設置することとなりました。

翌13年３月の第１回包括対話で、日米ＳＳＡ協力取極の実質合意がなされ、翌年、正式に締結されました。その内容は、米国から、日本の衛星に接近する物体に関する高精度で詳細な情報や、衝突を回避するために日本の衛星が通過すべき軌道の呈示などが行われるというものです。

14年の第2回包括対話では、宇宙状況監視（SSA）協力などを通じた宇宙の「抗堪性」を日米両国で追求することが確認されています。対衛星攻撃（ASAT）により、衛星システムが人為的または自然の脅威にさらされたときにもそれによって防衛上の能力に支障をきたさないよう被害を最小限にとどめ、被害からの早期の機能回復により、可能な限り継続的かつ安定的に宇宙を利用できるようにするということです。

しかし、日本は当然のこと、米国ですらこの抗堪性を高めることに必ずしも成功しているとはいえません。攻撃に備え、自国の重要な衛星は強靱な材質で製造し、代替の衛星を迅速に打ち上げ可能となるよう即応型のロケットや衛星を準備しておくことが必要です。そして、あらかじめ同盟国の衛星に自国のセンサーを搭載しておくことにより被害を最小限に抑えること、最終的には攻撃を仕掛ける敵の衛星の機能を先に壊してしまうことなど、さまざまな方法によって抗堪性を確保することができます。

最後の方法は、国際法違反の「武力行使」と判定される可能性もあり、そう簡単に実行できるわけではありません。物理的に破壊しない場合でも、武力行使に該当すると判断される場合もあり、どのような行為が武力行使であるのかについての国際的な合意は必ずしも存在していません。その行為の性質や、そこから生じた結果を総合的に考慮して判定されるのでしょうが、武力の応酬となり、紛争がエスカレートする危険性を考えると、機能を喪失させるだけであれ、そう簡単に対衛星攻撃はできません。したがって、抗堪性の確保においては、同盟国・友好国との協力により、いざというときに使用可能な衛星センサーやロケットを用意しておくことが重要です。

日本の衛星に米国のSSAセンサー搭載

２０１５年1月に決定された第３次宇宙基本計画では、宇宙政策目標の３本柱の１つとして初めて、しかもそのトップに宇宙安全保障の確保が位置付けられるようになりました。そこでは、「スペース・デブリ回避のための我が国のSSA体制の確立」と宇宙の抗堪化を図るための「同盟国等との衛星機能の連携強化や、人工衛星へのミッション器材の相乗り（ホステッド・ペイロード）」を目指す旨が記されています。

防衛省では、17年度末までに、SSA運用を主管する航空幕僚監部内に要員が増員され、JAXAと協力協定を結び人事交流などを通じて、JAXAからSSAの知見を具体的に得られる体制を作りました。

ホステッド・ペイロードについては第3章で述べたとおり、23年度に打ち上げ予定の日本の測位航法準天頂衛星「みちびき」5号機に、米国のSSAセンサーを搭載することが日米安全保障協議委員会（19年4月19日）の成果文書で正式に発表されました。インターネット上に文書があり、誰でも読むことができます。日米をはじめ自由主義諸国の実施するSSAは、このレベルで透明性を確保しています。

さらに、米国以外の国とのSSA協力も進み、フランスとは17年に技術取り決めを結んでいます。フランスは欧州最大の宇宙能力を持つ国で、米ロに次いで画像偵察衛星や電子偵察衛星を運用した国です。特に電子偵察衛星は今日でも、米ロ中以外はフランスとインドのみが保有する、技術的に高度な衛星でもあります。そして、オーストラリアやインドとの間でも宇宙対話が開始され、防衛省も参加するようになりました。

ファイブ・アイズ＋日独仏の宇宙監視ネットワーク

システム建造だけではなく、SSAの多国間机上演習への参加も特筆事項です。日本が参加するようになった机上演習には2種類あります。1つは、2016年から参加しているもので、米戦略軍／統合宇宙軍が主催する「宇宙状況監視多国間机上演習

（17年からグローバル・センチネルと改称）」シリーズです。これはより軍民両用的なもので、参加国も相対的に多くなります。19年には米国、オーストラリア、カナダ、英国、フランス、ドイツ、イタリア、日本、韓国、スペインの10カ国が参加しています。

日本の参加が実現したもう１つの机上演習は、米空軍（２０２０年からは宇宙軍）が主催するシュリーバー演習（ウォーゲーム）で、安全保障に特化しているだけによりメンバーを選びます。01年に開始し、09年には米国、オーストラリア、カナダ、英国が参加していました。５年後、この４カ国が連合宇宙作戦を行うパートナーとなります。翌年にニュージーランドもパートナーとして加わり、米英を基軸とするファイブ・アイズ諸国（米英などアングロサクソン系の５カ国）の絆の強さを改めて世界に見せつけることとなりました。ここには他の国はなかなか入ることはできませんでした。ところが、中国やロシアの宇宙での行動が過激化する中、実力あるメンバーを増やす必要が生じ、16年からはドイツとフランス、18年には日本も招待されるようになりました。ファイブ・アイズ＋日独仏、という形を作っています。19年、フランスとドイツはやはり連合宇宙作戦を戦うパートナーシップ協定に調印しています。

現在、航空自衛官がＪＡＸＡや米統合宇宙軍の連合宇宙作戦センター（ＣＳｐＯＣ）

に派遣されており、ＳＳＡデータ解析技術などの訓練を受けています。防衛省自体としては、山口県に２０２３年度以降の運用開始を目指して、ＳＳＡ設備「ディープ・スペース・レーダー」を設置する予定でいます。19年４月19日に開催された日米安全保障協議委員会（「２＋２」）において、米国がディープ・スペース・レーダー開発に協力することが明記されています。

また、20年６月に閣議決定された第４次宇宙基本計画の令和２年度工程表にも、自衛隊の運用する衛星（当面はＸバンド防衛通信衛星「きらめき」）を守るため、26年度までに、周辺を飛行して監視するＳＳＡ衛星（宇宙設置型光学望遠鏡）を打ち上げる予定であることが記載されています。

これら日本の宇宙資産やレーダーは、米国の宇宙監視ネットワーク（ＳＳＮ）の一部を担うことでしょう。近い将来の日本の宇宙作戦隊は、宇宙版日米同盟の具体化として、米国主導の宇宙連合作戦のパートナーになる方向が望ましいと考えられます。それが、中国とロシアの脅威に備えたものであることは、言うまでもないでしょう。

第5章　民間ビジネスの可能性

ここで、世界の宇宙ビジネスの現状をまとめておきます。

スペースX、アマゾンなど民間事業者の台頭

トレンドとしては、急速な科学技術の進展と結びついた民間の宇宙活動の活発化が注目されます。まず、輸送システムから見ていきましょう。

民間のロケット打ち上げ事業者の躍進ぶりは枚挙にいとまがなく、これまで10カ国しか保有していなかったロケット射場を１００％自前で持つ企業も出現しました。たとえば米国のロケットラブ（Rocket Lab）社は、ニュージーランドに射場を設置し、自前のエレクトロンロケットを打ち上げています。２０２０年は6回打ち上げを行い、20年の打ち上げ数の実績としては日本の4回やインドの2回を凌駕しています。

また、スペースシャトル退役後、国際宇宙ステーションと地上をつなぐ有人輸送機は、ロシアのソユーズ宇宙船に頼っていたのですが、20年5月31日、米国のスペースX社が開発した有人輸送機「クルードラゴン」が、宇宙飛行士２人を乗せて国際宇宙ステーシ

ヨンに到達し、8月3日にフロリダ沖に帰還しています。これまで有人輸送機を実現したのは米国、ロシア、中国の3カ国でしたが、初めて民間企業がそこに仲間入りしました。

21世紀に入り米国は、国際宇宙ステーション向けの有人輸送機は既に最先端技術への挑戦ではないので、NASAが担うべきではなく、私企業がビジネスとして行うべきものである、という考えを採用し、民間企業を競わせ、より可能性と技術力がある企業に投資をしてきました。それが実った瞬間です。有人輸送機が実現した今、民間の主導する有人・無人の惑星や小惑星の探査、宇宙資源採掘ビジネス、宇宙観光旅行などが、がぜん現実味を帯びてきました。

衛星・宇宙機器運用にも同様の革命が生じています。例えば、数千機から1万機以上の小型衛星をコンステレーションで用いて、主として高速ブロードバンド通信を行う衛星運用業があります。これまで人類は、60年かけて8000機程度の衛星を軌道に配置してきたのですが、コンステレーションの登場により、軌道の様相は数年でまったく変わってしまうことが予想されます。

最近では20年7月30日に、米国の連邦通信委員会がアマゾン社の3236機の衛星コンステレーション用の周波数を承認しました。18年には、スペースX社が約1万2000機のコンステレーション衛星の打ち上げ許可を得ており、すでに950機以上の打ち上げが完了しています。

衛星数が急激に増えるとスペースデブリ問題の悪化が予想されますが、アマゾン社は、いったん衛星に寿命が来て機能を停止したら、1年以内にデオービット（136ページ参照）すると宣言しています。ミッション終了後の低軌道のデブリ除去については、宇宙機関間デブリ調整委員会が作るガイドラインでのルールは25年以内ですから、実現するならば、アマゾン社の宇宙運用は、宇宙環境保護の責任を十分果たすものとなります。新たな宇宙ビジネス参加者の自信のほどがうかがえます。

民間による変革「ニュースペース」

こうした宇宙環境の変化は、既に2005年前後からその兆候が見られ、10年ごろからしばしば「ニュースペース」という言葉で変革の予感が説明されるようになっていました。特に、現在、ニュースペース最大の成功例といえる米国のスペースX社の躍進により、1980年代後半以降、欧州（ロシアを含む）の大企業が優勢だった商業打ち上げ市場の勢力図は一変しました。

それに伴い、宇宙機の運用も大きく変わっています。具体的には、通信や地球表面の高分解能画像、精確な位置・時間情報を利用した各種サービスの提供といった伝統的な宇宙利用をさらに超えたものになっています。すなわち、宇宙データと地上のビッグデータの混合、さらにそれを加工する情報により、もはや宇宙ビジネスの一環として扱ってよいのか不明ともいえるさまざまな応用情報（アプリケーションソフト）が生まれています。

加えて、２０１５年ごろからは、新たなタイプのビジネスを目指す動きが、特にベンチャー企業により見られるようになりました。

軌道上のデブリをレーザーや、銛（もり）型、紐型、網型など、さまざまな装置で大気圏内に再突入させる積極的デブリ除去（ＡＤＲ）ビジネスもそろそろ実証段階を終え、本格的に、ビジネスとして開始されそうになっています。また、静止軌道の大型衛星であれば１機２００億円以上することも珍しくないため、燃料補給をしたり修理したりして長く使うことが望ましいといえます。軌道上での燃料補給や修理などを提供するサービスも開始寸前です。

もっとも、デブリ除去、燃料補給、修理などは、他国の衛星に対衛星攻撃をかけることと外形的には区別がつけにくい部分があるので、ビジネス実施にあたっては、これが平和的なビジネスであることを明確にするための工夫も必要となるでしょう。燃料補給・修理機器の標準・規格作りもまた、新たなビジネスになることと思われます。

軌道上の新たなビジネスは５Ｇ時代、ＡＩ時代に飛躍的な展開を遂げることが予想されます。単なる宇宙ビジネスの発展にとどまらず、文明の形を変える力を持つ可能性もあります。

長く、宇宙産業は、政府が顧客となり成立させるもので、売上高と政府予算はほぼ同じという状態にあり、当然、利益の出にくいものとされてきました。しかし、将来、経済成長を牽引する力を発揮する可能性もあるので政府は支援し続け、宇宙産業科学技術基盤を維持・発展させなければならない、といわれてきました。それが実ったのか、２０１０年代以降、ついに技術の蓄積が爆発する臨界点に届いたようです。

中国でもベンチャー企業へ投資増大

ただし、ニュースペースは米国のみの現象ではありません。

中国では、経費節減のための軍の調達制度改革によって、成熟し安定したミサイル技術の民間移転が可能になり、政府とつながりの深い大学発の宇宙ベンチャー企業などへの投資が増大し続けています。

中国政府だけではなく、米国のスペース・エンジェルズ社のような投資企業も、例えば中国のランドスペース社（清華大学発のベンチャー企業）に巨額の投資を行っています。

ニュースペースは、従来、宇宙先進国の宇宙機関にのみ可能であると考えられてきた天体の探査にも参入しつつあります。

企業独自の小惑星・惑星の探査や利用計画（例えば、今世紀半ばまでの火星移住計画）、国家との共同ミッションとしての有人機や探査ロボット開発など、参加企業やそのビジネス形態も多岐にわたります。

２０１７年12月に発表したトランプ米大統領の宇宙政策指令（ＳＰＤ）第1号の月探査計画は、自国の産業界を同盟国や友好国よりもパートナーとして重視したものでした。それは、アメリカ・ファーストの一環としての発言であり、願望としてだけではなく、実績に基づく米宇宙政策の方向性として世界に認識されたのです。米国の産業界にはそれだけの実力があるからです。

安全保障にも民間技術の導入を

世界がこのように大きく変わるのであるならば、日本の宇宙政策も少なくとも2つの点で変わらなくてはならないことになります。

1つは、日本の宇宙産業基盤も世界の変化に応じた、それにふさわしいものに変革させる必要があるということです。第4次計画では「産業・科学技術基盤の再強化は待ったなしの課題である」という危機感が表明されるほど、最近の世界の動きは早いものがありました。日本も進歩しました。しかし、世界はもっと進化していたのです。同計画では、第3次計画を作成していた頃に比べると、宇宙産業や宇宙科学技術基盤は持ち直しつつあったと評価されてもいるのですが、世界の宇宙産業構造の変化や産業基盤の発展が倍するものであるならば、結果としては、衰退の危機が深まったことになります。

もう1つは、民間が手にした革命的な宇宙技術を使って宇宙安全保障の確保を図ることができないか、という期待からの行動を起こすことです。例えば、早期警戒衛星です。これは第1次計画（2009年）時代以来、汎用の早期警戒センサーを研究する、というような歯切れの悪い表現にとどまっていました。膨大な資金と技術の壁があったからです。それが小型衛星のコンステレーションやＡＩ技術を駆使したデータの利用で、獲得可能かもしれないものとなりました。また、さまざまな偵察衛星も、防衛省が直接に機器開発や運用をしなくても、有望な民間のサービスを購入することで足りるかもしれません。もっともそれは日本の企業のサービスであることが、必須ではないとしても望ましいことなので、ますます民間の産業基盤を高めることが重要となります。このような環境認識から、第４次計画はまとめられています。

「成功率世界一」日本ロケットの可能性

日本のロケット産業は欧米にも比肩しうる可能性を秘めています。

日本のロケット打ち上げ価格は、諸外国に比べて2、3割以上高いといわれています。打ち上げ回数自体が少なく、打ち上げは一般に赤道に緯度が近いほど低コストで済むという事情があります。また、種子島は射場としての条件がそれほど良いわけではありません。従って、打ち上げ価格を安くすることには限度があります（欧州宇宙機関がもつフランス領のギアナ射場は赤道上にあります）。

ただし、日本のＨ−ⅡＡロケットは43回中42回の打ち上げ成功、Ｈ−ⅡＢロケットは全９回の打ち上げすべてに成功というように、成功率は98％で世界最高峰です。また、打ち上げは天候やちょっとした部品の不具合などにより予定通りに打ち上がらないことがしばしばあり、これが衛星運用者側のリスクとなっています。予定通りの打ち上げ確率でも日本は非常に優秀です。当初の打ち上げ予定日から１週間以内に本当に打ち上げができたのか、ということを２０１４年１月から19年６月まで調べると、Ｈ−ⅡＡ／Ｂは71％、Ｈ−ⅡＢだけならば78％ですが、２位のヨーロッパのアリアンロケットは47％です。

打ち上げの信頼性を重視し、値段は二の次とする中東諸国は、日本の宇宙産業発展のためには有望な顧客といえます。実際に、日本はトルコやカタールの衛星製造を受注し、ＵＡＥの火星探査機の打ち上げサービスを提供しています。かつては日本の宇宙ビジネスの有望な市場は、アジアを中心に考えられていましたが、この10年で大きく変わっています。

第４次計画は、このような宇宙産業のさらなる発展を意図しています。

日本の民間宇宙産業への期待

日本の宇宙産業には大きな可能性があります。しかし、それがいまひとつ、目に見える成果とはなっていません。第４次計画は、世界が経験しつつある宇宙活動の内容や、企業・大学などの活動主体の変化、官民関係の新たなありかたに取り残されない、という決意に基づき、民間の宇宙産業をさらに発展させるための施策が定められています。

現在、日本は欧米を追いかける立場であったとしても、民間企業が持つロボティクスやＩＴ技術、他分野からの資産や知見をも導入して、一気に宇宙産業を推進力とするイノベーションを実現し、それにより宇宙の自立を守り、経済成長を起こそうとしています。積極的な攻めの姿勢は、第４次計画で初めて、しかも複数回見られる「失敗を恐れず」挑戦するという言葉にも現れています。

具体的にはなにをするのでしょうか。例えば、衛星データの利用拡大を通じた新ビジネスの創設に向けて、政府衛星データを無償提供する「オープン＆フリー化」プラットフォームを確立することです。欧米ではすでにこの試みが進んでいます。そこで、日本が欧米と同等水準のプラットフォームを作り上げると、欧米のさまざまな衛星データプラットフォームとの連携が可能になります。衛星データの国際共有により、日本企業がさらに多くのデータを使い、ＡＩ処理を施し、これまでになかった新たなビジネスを創出することが期待されています。なにが出てくるかわからない、しかし、そのための資源を使いやすい形で民間に無償で提供し、その過程で友好国との国際連携も深めるというやり方です。政府衛星データプラットフォームＴｅｌｌｕｓ（テルース）には、登録すれば誰でも原則無料でアクセスが可能です。

また、日本政府は、民間が汎用利用のＳＳＡシステム構築を行うことを支援し、国の宇宙プロジェクトにはベンチャー企業を中心に民間からの調達を拡大する、というやり方を取りつつあります。この方式を大規模に行ったのが米国で、その結果が国際宇宙ステーション（ＩＳＳ）への民間有人輸送機にまで結実した、といえます。日本ではまだ、米国と同等の規模で民間からのサービス調達を行うことは困難です。しかし、民間が小型ロケットを開発する中で、将来の需要を見据えて射場整備やサブオービタル（準軌道）宇宙観光用のスペースポートを整備することなども視野に入っています。

さらに、輸送システムのたゆまざる進歩は、自立した宇宙利用大国であるために必須の条件となります。国としては、例えば新型ロケットＨ‐Ⅲ（２０２１年度以降に打ち上げ予定）の次の将来的な輸送システムを考えることが不可欠です。政府は、再使用型、高速二地点間輸送（P2P。航空機とロケットの中間体による極超音速滑空体）など、新たな開発対象システムを考えようとしています。そのなかにサブオービタル宇宙観光機、即応型小型ロケット、成層圏でのビジネス用宇宙機など、民間が開発、製造する航空宇宙物体が入ってこられるような環境整備を、法的整備も含めて行うことが考えられています。

民間参入の手引きとなる法整備

第3次計画時代には、宇宙活動法と衛星リモートセンシング法（ともに2016年）を策定し、民間の打ち上げ産業、リモートセンシングデータ販売業などが円滑に進められるようにしました。そのため、手続が透明になり、外国の衛星運用事業者は日本のロケットに打ち上げを依頼しやすくなりましたし、データの機密性保持と流通によるビジネスの利益のバランスを取ることにもなりました。

次は、サブオービタル飛行法制（航空法か宇宙法か、それとも新たな法か）や、月探査を前にしての宇宙資源（月の水や小惑星の鉱物資源など）採掘の条件や鉱区の規則が、法整備の有力な候補です。それに続いて、より明確なルールがあった方がビジネスの予見可能性という面から好ましいのが、積極的スペースデブリ除去（ADR）や衛星の燃料補給と修理に関する許認可や政府の監督、となるでしょう。

宇宙を推進力としたイノベーションにより、日本の宇宙産業が日本の経済成長の牽引力となり、強靱な産業基盤が宇宙安全保障を向上させることができるならば、日本の将来に希望が持てます。強い日本、豊かな日本の出現です。第4次宇宙基本計画は、それを目指したものといえるでしょう。

月軌道圏まで拡大する活動領域

振り返ると、日本が平和利用＝非軍事利用の縛りや、日米衛星調達合意などに苦しみ、宇宙開発利用での足踏みが始まった1990年代に、中国やインド、米欧の民間活動が著しく成長しました。

そして21世紀になると、宇宙に参入する国や企業、大学などの団体の数は爆発的に伸びました。サービスの内容も生産の方式も著しく多岐にわたり、宇宙産業という枠には収まりきらなくなります。

サイバー空間と現実空間の双方の高度な融合による価値の生成の中の、欠くべからざる要素として、宇宙データへの依存はいっそう重要になりました。

宇宙基本法が成立した２００８年から10年かけて、日本は「普通の国」として宇宙活動を行い得る体制を整えました。かろうじて間に合ったと言えるかもしれません。

世界は、火星までを当面の人類の活動領域と定め、まずは月軌道までの自由な航行、宇宙資源獲得の活動、資源を利用しての基地建設・運用などに乗り出しています。近い将来、どの国が、どの企業が、月の極域に存在する氷の成分を分解して、宇宙機をはじめとする機器を運用するための燃料――液体水素、液体酸素――を作り出す作業にいちはやく成功するのかをめぐり、激しい競争が行われていくことでしょう。

例えば、決して宇宙先進国とは言えないルクセンブルクは、国を挙げて宇宙資源開発を目指す企業の誘致に力を入れ、オランダはその制度作りの準備段階としての協議の場を提供することで、それぞれ金融面と制度面から新たな大航海時代に一枚かんでおこうとしています。

２０１９年10月、日本は米国の提唱する月軌道の多国間ステーション「ゲートウェイ」建設・運用と、有人月着陸や基地建設までも包含する「アルテミス計画」への参画を表明しました。そして1年後の20年10月、８カ国の宇宙機関・省庁の間で「アルテミス合意」が署名され、活動が本格的に始動しました。

月、そして火星。そこでは、日本の長期の安全保障のためにも輸送力の一部を担うことが不可欠でしょう。有人輸送機は、いずれは手に入れなければならないものです。

次の10年間は、将来の安全保障、経済成長のために、月軌道まで新たな活動領域の拡大を目指す時代となるでしょう。

新しい大航海時代を日本が生き抜くためにはどうしたらよいでしょうか。宇宙安全保障の確保、現実空間とサイバー空間を自在に往来し、社会に安全と富をもたらす冒険心に満ちた民間の確立が急がれます。

おわりに

本書は、ニュース・サイトnippon.comで連載した宇宙についてのエッセイをもとに、それを大きく加筆修正する形で執筆したものです。外交ジャーナリスト・作家の手嶋龍一氏からお誘いをいただき、宇宙覇権をめざす中国と、科学研究を脱して宇宙を安全保障と繁栄のために利用しようとする日本の現在の姿という、2つのテーマを1年以上かけて書かせていただきました。本書では第1部、第3部にあたる部分です。宇宙の開発、安全保障の変化は早く、連載の途中にも、宇宙作戦隊新編や、新たな宇宙政策の策定など大きな変化もあり、第3部の日本編については、続編のような形で書かせていただいた部分もあります。

nippon.com常務理事の谷定文氏、理事の谷口智彦氏には、連載当初よりさまざまなご助言を頂きました。おかげで、ともすれば、単調・退屈な、悪い意味での論文調の記述に陥りがちな文章を軌道修正することができました。特に、新鮮な視点からの御質問を頂き、中国の実用衛星開発、軍事利用、外国との協力プログラムなど、これまで個々ばらばらの事実として筆者の頭にあったことが急につながり、私なりの1つのストーリーが見えてくる、という経験を、連載中何度も致しました。優れた問いはそれ自体解答なのだ、と改めて感謝しております。

連載は、論文を書くこととはまったく異なる楽しさと喜びがありました。仲間、同志としての編集担当者の方々が助けてくださるという安心感です。論文では絶対にない経験、「連載、次は○月○日ですね。続きがどうなるのか、楽しみにしています」というお言葉も仕事先などでいただきました。直接に編集をご担当くださった青木恭子氏、斉藤勝久氏、新潮社の四方田隆氏をはじめとする皆様に深く感謝申し上げます。ありがとうございました。

そして、幸せなことに連載を読んでくださった新潮社の安河内龍太氏から書籍化のお話をいただきました。その話し合いの中で、宇宙安全保障を語る上では欠かせない宇宙開発における米ソの競争と協調の歴史を振り返ることとなりました。

米ソの長くそれなりに「交戦法規」と仁義を守ったバーチャル宇宙戦争が終わりかけ

ているころ、私は、カナダで博士論文を執筆していました。直接に米ソ対立を扱うものではなく、衛星を用いた軍備管理諸条約検証の適法性を扱うというのが論文のテーマでしたが、宇宙安全保障を扱う限りにおいて、米ソの地上での軍備競争、一連の核軍備管理条約抜きに研究を進めることは不可能でした。二国は「超大国」だったからです。

第2部、「『超大国』の主戦場としての宇宙」を執筆していた頃、当時図書館で夜遅くまで読み続けた論文や議会の報告書の一節がふとした折によみがえり、米ソそれぞれの交渉者の顔が思い出されました。カナダの図書館だけでは足りず、何度か米国のワシントンD.C.に出かけ、議会図書館の資料を集めたのも懐かしい思い出です。コピーできないものは、手書きでノートに写しました。あれほど心が落ち着く時間はその後持ったことはないように思います。当時の実感としての記憶を辿り、それを今だからわかる事実もつきあわせて判断すると、米国とはいかに豊かで強く、また戦うことが得意な国だったのか、という感慨をいだきます。

米国も変容し、世界も変わりました。今、私たちは、COVID-19(新型コロナウイルス感染症)に普通の生活を奪われた状態で暮らしています。個人的な生活の変化でいうと、授業ビデオ作りに生活の多くの時間を使い果たし(言い訳が入っています)、お渡しする原稿の期限がずるずる遅れる、という、申し訳ないことをしてしまいました。安河内氏の励ましがなければ、本書は決して完成しませんでした。氏に篤く御礼申し上げたいと思います。

自分の言い訳はさておき、1年近く、マスクをしていない顔を屋外ではほとんど見ない、というのは異常なことです。ペストが中世を終わらせたのと同じように、COVID-19により、数十年かけて、今の世界は壊れていくのだ、ということを確信しました。ただ、そう悲観することもないのでしょう。ペストが遠因となりルネサンスが生まれたように、必ず「その先」があります。その姿はわかりませんが、新たに生まれる世界に「宇宙」はより大きく関わってくることと想像します。次の世代は、宇宙と地球を往来し、新しい文明を作り上げていくのではないかと思います。

2021年2月

青木節子

青木節子　1959年生まれ。慶應義塾大学大学院法務研究科教授。法学博士。専門は国際法、宇宙法。83年慶應義塾大学卒。防衛大学校などを経て2016年より現職。12年より内閣府宇宙政策委員会委員。

Ⓢ新潮新書

898

中国が宇宙を支配する日（ちゅうごくがうちゅうをしはいするひ）
宇宙安保の現代史（うちゅうあんぽのげんだいし）

著者　青木節子（あおきせつこ）

2021年3月20日　発行

発行者　佐藤隆信
発行所　株式会社新潮社
〒162-8711　東京都新宿区矢来町71番地
編集部(03)3266-5430　読者係(03)3266-5111
https://www.shinchosha.co.jp

印刷所　株式会社光邦
製本所　株式会社大進堂

ISBN978-4-10-610898-3 C0231

価格はカバーに表示してあります。